JN280998

光　　工　　学

東北大学教授　工学博士
羽　根　一　博　著

メカトロニクス教科書シリーズ

13

コ　ロ　ナ　社

メカトロニクス教科書シリーズ編集委員会

委員長	安田仁彦	(名古屋大学名誉教授 愛知工業大学教授	工学博士)
	末松良一	(名古屋大学名誉教授 豊田工業高等専門学校長	工学博士)
	妹尾允史	(三重大学名誉教授 鈴鹿国際大学副学長	工学博士)
	高木章二	(豊橋技術科学大学教授	工学博士)
	藤本英雄	(名古屋工業大学教授	工学博士)
	武藤高義	(岐阜大学名誉教授	工学博士)

(五十音順，所属は 2006 年 1 月現在)

□□□□□□□□□□□ 刊行のことば □□□□□□□□□□□

マイクロエレクトロニクスの出現によって，機械技術に電子技術の融合が可能となり，航空機，自動車，産業用ロボット，工作機械，ミシン，カメラなど多くの機械が知能化，システム化，統合化され，いわゆるメカトロニクス製品へと変貌している。メカトロニクス（Mechatronics）とは，このようなメカトロニクス製品の設計・製造の基礎をなす，新しい工学をいう。

このシリーズは，メカトロニクスを体系的かつ平易に解説することを目的として企画された。

メカトロニクスは発展途上の工学であるため，その学問体系をどう考えるか，メカトロニクスを学ぶためのカリキュラムはどうあるべきかについては必ずしも確立していない。本シリーズの企画にあたって，これらの問題について，メカトロニクスの各分野を専門とする編集委員の間で，長い間議論を重ねた。筆者の所属する名古屋大学の電子機械工学科において，現在のカリキュラムに落ちつくまで筆者自身も加わって進めてきた議論を，ここで別のメンバーの間で再現されるのを見るのは興味深かった。本シリーズは，ここで得られた結論に基づいて，しかも巻数が多くならないよう，各巻のテーマ・内容を厳選して構成された。

本シリーズによって，メカトロニクスの基本技術からメカトロニクス製品の実際問題まで，メカトロニクスの主要な部分はカバーされているものと確信している。なおメカトロニクスのベースになる機械工学の部分は，必要に応じて機械系大学講義シリーズ（コロナ社刊）などで補っていただければ，メカトロニクスエンジニアとして必須事項がすべて網羅されていると思う。

メカトロニクスを基礎から学びたい電子機械・精密機械・機械関係の学生・技術者に，このシリーズをご愛読いただきたい。またメカトロニクスの教育にたずさわる人にも，このシリーズが参考になれば幸いである。

急速に発展をつづけているメカトロニクスの将来に対応して，このシリーズも発展させていきたいと考えている。各巻に関するご意見のほか，シリーズの構成に関してもご意見をお寄せいただくことをお願いしたい。

1992年7月

編集委員長　安　田　仁　彦

まえがき

光は科学や工学において重要な役割を担ってきた。古くは20世紀初め，溶鉱炉からの放射（黒体放射）や原子の発光を調べる中から新しい学問分野の量子力学が発展した。放射される光を調べることで，物質や材料の性質がわかる。1960年代になり多くの種類のレーザが発明され，光の利用技術は大きく変化する。レーザは自然光と異なり，単色で指向性に優れている。光通信，光計測などの分野を革新的に発展させた。

現在では，レーザは身近なところに広く用いられている。光ディスクやレーザプリンタは家庭にも備えられている。また，発光ダイオードやホトダイオードなどの光半導体が開発され，明るい照明，小さいセンサが実現できるようになった。ディスプレイ，ディジタルカメラなど，表示や画像装置に広く用いられている。

このように，現在では光技術は科学分野だけでなく，工学分野にも広く浸透している。工学の分野の中でも，光ディスク，ディジタルカメラなど，光応用のメカトロニクス機器にも欠かせない。光技術とメカトロニクスの融合した分野は日本が得意とする領域で，多くの産業機器や家電製品で世界をリードしている。

これらの背景のもと，本書は「メカトロニクスシリーズ」の中の1冊として刊行された。今後発展する高度情報社会においては，機械，電気，情報など多種の技術が集積され，融合されていくが，光技術はますます重要な役割を担うであろう。

本書の内容では，光工学の基礎として必要な光の特性である反射，干渉，回折現象について説明している。さらに，光を利用する計測やデバイスの光学系のデザインに必要な幾何光学や導波路光学について解説している。また画像工学の理解に必要なフーリエ光学，レーザなどの光源とホトダイオードなどの光検出器についても説明し，光学システム全体を理解できるように構成した。

最後の章では，マイクロ光学と光マイクロマシンについて紹介し，先端および将来の光工学についても触れた。本書が光工学への入門の手助けになれば幸いである。

本書の執筆を勧めていただいた名古屋大学名誉教授 安田仁彦先生に感謝申し上げます。また，出版まで長く励ましていただいたコロナ社の方々に感謝いたします。

2005年11月

羽　根　一　博

目　　　次

1　光と電波

2　反射と屈折

3 光 線 の 光 学

4 光 の 回 折

5　干　　渉

6　光導波路

7　フーリエ光学

8　レーザの基礎

9　光 検 出 器

10　マイクロ光学と光マイクロマシン

1 光と電波

1.1 光の周波数と波長

私たちの周りにはいつもいろいろな光があふれている。物が見えるのも，光があるからである。私たちに身近な光について研究の歴史は長く，古くから物理学の重要な対象であった。近代物理では，光は波（波動性）と粒子（粒子性）の二重の性質を備えていることが知られている。

波の性質は水面の波や音波から推測できる。光の波動性により，光が遮蔽板の影の部分に回りこむ回折現象，重なり合いにより強度を強め合ったり弱め合ったりする干渉現象を説明できる。一方，光の粒子性においては，光を光子というエネルギーの量子として取り扱い，物質による光の吸収や放出を説明するために都合がよい。このように光は波動と粒子の二面性を備えているが，それぞれの場合によって，現象や実験に適した表現が用いられる。

さて，本章では光の波動性を理解し，光工学への利用について学ぶ。光の回折現象や干渉現象を理解するには，光を波（光波）として考えると理解しやすい場合が多い。

では，光波とはどのような性質の波であろうか。波は，進行方向に対する振動の方向の違いにより縦波と横波に分けられるが，光波は横波である電波（電磁波）の一種である。すなわち，空間を伝わる電界と磁界である。ラジオの電波，携帯電話の電波や電子レンジの電波を思い出していただければよい。

ラジオの場合は，AMラジオに用いられる中波と短波（HF）が300 kHz〜30 MHzの周波数である。ここで周波数とは1秒間の波の振動回数である（MHzはメガヘルツで10^6 Hzである）。また，TV放送やFMラジオに用いられる電波（VHF）の周波数は30〜300 MHz帯の中にある。衛星通信やレーダなどではマイクロ波，ミリ波が用いられ，300 MHzを超え，100 GHz（ギガヘルツ）に至る周波数である。

図1.1に各種の電波の周波数と波長の概略を示した。電波の周波数は連続に存在し，理論的には0から∞までである。電波の周波数が高くなると光の領域に入る。すなわち光波は電波の一種である。光波の種類は視覚（色）により赤外光，可視光，紫外光に分けられる。可視光の周波数はおよそ400〜800 THz（THzはテラヘルツで10^{12} Hz）あり，目に見える光の領域に対応する。周波数の増加とともに，人間の視覚には赤色の光から黄色，緑，青と異なる色として感じられる。

つぎに光波の波長，すなわち波の1周期の長さについて考えてみよう。光の速度cは一様な媒質中で一定であり，真空中では2.998×10^8 m/sである。真

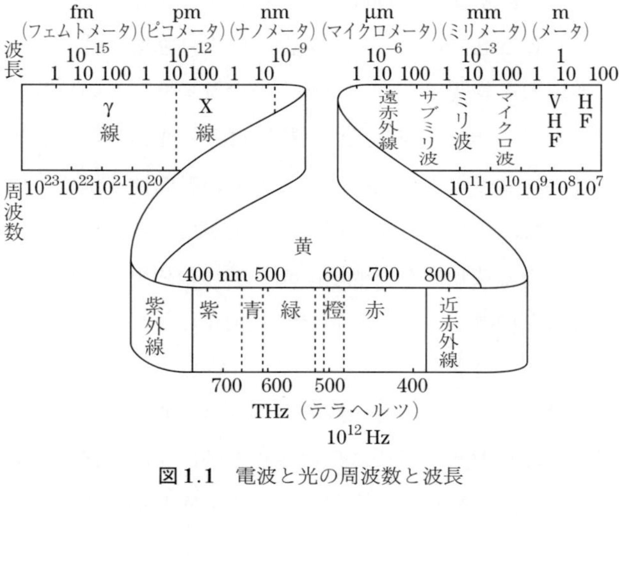

図1.1　電波と光の周波数と波長

空中ではすべての電波は同じ速度で進む。毎秒当たりの波の数が周波数 ν であるので，真空中の波長 λ_0 は以下の式で表される。

$$\lambda_0 = \frac{c}{\nu} \tag{1.1}$$

周波数の値は電波や光波に固有の値であるが，波長は伝搬する媒質により異なる。媒質中の光速が媒質に依存して真空中の値より小さくなるからである。

1.2 光波と電波の違い

光波と電波は，1.1 節で述べたように物理的には同じ種類の横波である。しかし，それらを利用するために必要な技術はかなり異なっている。さて，電波を発生させるにはどのようにすればよいか。携帯電話の中をのぞいてみると，電子回路が入っている。また放送局に行っても電子機器がぎっしり詰まっている。放送用の電波は，トランジスタや電子管などの電子デバイスにより，電波の周波数の電流と電圧を発生させることで放射される。正弦波的に変化する波（平面波）は複素数表示で

$$A \exp\left[2\pi i\left(\frac{z}{\lambda_0} - \nu t + \xi\right)\right] \tag{1.2}$$

と表せる。ここで A は振幅，i は虚数単位，z は波の進行方向への距離，t は時間，ξ は初期位相である。

光はどうであろうか。ランプや蛍光灯は確かに電気を流しているが，光の周波数の電流・電圧を加えていない。レーザはどうであろうか。この場合も同様である。

光の周波数は先に述べたように数百 THz と非常に高いので，トランジスタや電子管ではこのような高い周波数を直接に発生させることはできない。このため，原子や分子の発光を利用して光を発生させている。低い気圧（数百 Pa）で閉じこめられた気体（ネオンなど）に電流を流すと，放電（プラズマ）が発生する。ご存知のようにネオンサインに用いられている。この放電の中では電

子が運動エネルギーをもってネオン原子と衝突し，そのエネルギーで原子は励起準位に上がる。その後，原子は光を放出して低い準位にもどる。

したがって，ネオンサインではたくさんの原子から小さな強度の電波が放出される。原子の一つ一つが小さな放送局や携帯電話の発振器と考えればよい。それぞれの発振器は，勝手な時刻に別々の周波数で限られた時間発振している。たとえ同じ周波数で発振したとしても，それぞれの発振器が勝手な時刻に発振するので，それぞれの発振器の位相はそろっていない。同様に，白熱ランプからも周波数と位相の異なる多数の光波が放出される。このとき観測される波は近似的に

$$\sum_j A_j \exp\left[2\pi i\left(\frac{z}{\lambda_j} - \nu_j t + \xi_j\right)\right] \tag{1.3}$$

のように表現できる。式（1.2）で表された波をいくつも足し合わせた表現である。添え字 j はそれぞれの発振器を表す。

このとき，それぞれの発振器は，関連のない初期位相 ξ_i で発振し，また周波数もわずかに異なるので，重ね合わされた波の波形は**図 1.2**(a)に示すように，きれいな正弦波にはならない（図(a)では周波数が大きく異なる場合について表現している)。このように位相がそろわない状態をインコヒーレントという。これに対して，位相のそろった状態をコヒーレントと呼ぶ（図(b))。この場合，重ね合わされた波は位相がそろっているので，単一の正弦波で表される。

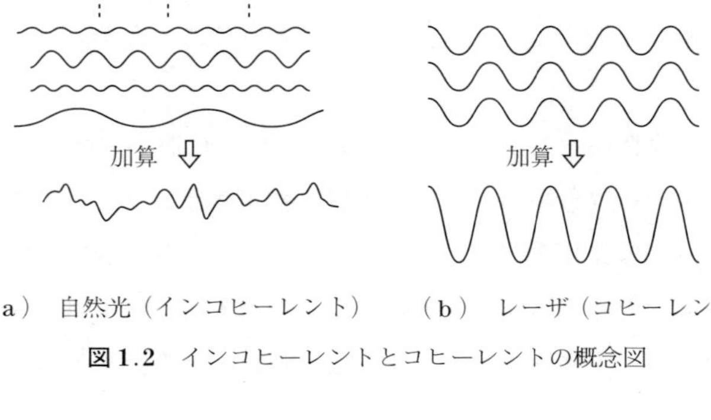

（a） 自然光（インコヒーレント）　（b） レーザ（コヒーレント）

図 1.2　インコヒーレントとコヒーレントの概念図

さて，先に述べた原子の発振器のばらばらの周波数と位相をそろえることはできないであろうか。これを実現した光源がレーザである。したがって同一周波数で位相のそろった波

$$\left(\sum_j A_j\right)\exp\left[2\pi i\left(\frac{z}{\lambda_L} - \nu_L t + \xi_L\right)\right] \tag{1.4}$$

が得られる。ここで λ_L，ν_L，ξ_L はレーザの波長，発振周波数と初期位相である。位相がそろい，振幅は加算により大きくなる。この式で加算された振幅の部分を一つの値で表現すれば，放送電波の式（1.2）と同じである。したがって，放送局の電波のように位相のそろった光はレーザにより初めて発生させられ，利用できるようになった。

光波は周波数はずいぶん高いが，その性質は電波とどのように異なるであろう。一例として障害物の後ろへの回り込み現象が挙げられる。周波数が高くなるに従い，電波は障害物の後ろへ回り込むことができなくなる。

AM ラジオでは山陰においても受信できるが，テレビ放送電波ではアンテナの見えるところでないとよく受信できない。光波の場合はさらに周波数が高いので，ラジオやテレビの電波に比べると直進性が高くなり，小さい物体でもその後ろに影が生じる。影の領域に電波や光が回り込む現象は回折と呼ばれ，その大きさは波長と障害物の大きさの比による。

1.3 光 波 の 表 現

光波は電波の一種であることから，数学的取扱いにおいては，電界と磁界で表現する。電界，磁界は 3 次元空間の方向と大きさをもったベクトルで表現される。光工学では，光を取り扱うとき，現象に適した表現が用いられる。表現としてベクトルで表現された電界，磁界の取扱いを必要とする場合と，近似的にベクトルの 1 成分のスカラー量で単純化して扱える場合がある。光波を電磁界ベクトルで取り扱う必要がある場合は，数式表現が複雑になるので，できればスカラー量による表現で代用したいところであるが，電磁界的に取り扱わな

ければならない場合も多い。

例えば，「光のビームはどこまで小さく絞れるか」という基本的な問題を考えてみよう。レンズでレーザ光を集光したら集光点（スポット）の大きさはどれだけになるのであろうか。この問題に答えるには光を電磁界として取り扱うことが必要である。

光ディスク（CD など）ではレーザ光を集光して発生した微小な光のスポットをピットと呼ばれる小さい穴に照射し，反射光よりデータの値を読みとっている。光線で考えると光は無限に小さい点に集束できると考えられるが，実際には有限の大きさがある。光ディスクの記録密度は光スポットの大きさに直接関係するので，実用上重要な問題である。また，光ファイバなどの狭い領域に閉じ込められた光の取扱いや，光波の振動方向が境界面の方向と関係する反射や屈折の現象を説明する場合においても，光波の電磁界的取扱いが要求される。

一方で，光の波長より十分大きい構造の物体による回折現象や簡単な干渉計などにおいては，電磁界ベクトルの電界の 1 方向成分を代表にして解析できるので，近似的な表現としてスカラーの光波を用いることができる。

1.4　マクスウェルの方程式

電流が流れると磁界が発生する（アンペアの法則）。また磁界の変化は回路に電圧を発生させる（電磁誘導の法則）。回路が閉じていれば発生した電圧により電流が流れる。この場合，電流は電子が回路の導体中を移動することで生じる。したがって，電気回路をつなぎ合わせておけば，電流が流れると磁界が発生し，磁界ができると電流が生じるという具合に連鎖的に電界，磁界を繰り返し発生させることが可能である。

マクスウェルは誘電体や真空中で電気的に中性の媒体が分極して流れる変位電流の考え方を導入し，電界と磁界が変位電流を介して交互に発生することで空間を電波として伝わると考えた。伝搬においては，電界の時間的変化が磁界を発生させ，さらに磁界の変化が電界を発生させる。

このような考察のもと，導出された電磁界の方程式はマクスウェルの方程式と呼ばれ，電磁気的な現象のすべてを説明できる基本方程式である。マクスウェルの方程式は

$$\nabla \times \boldsymbol{H} = \boldsymbol{J} + \frac{\partial \boldsymbol{D}}{\partial t} \tag{1.5}$$

$$\nabla \times \boldsymbol{E} = -\frac{\partial \boldsymbol{B}}{\partial t} \tag{1.6}$$

で表される。ここで $\boldsymbol{H}$，$\boldsymbol{E}$，$\boldsymbol{J}$，$\boldsymbol{D}$，$\boldsymbol{B}$ はそれぞれ磁界，電界，電流密度，電束密度，磁束密度である。$\boldsymbol{J}$ は電子電流のような荷電粒子による導電流密度である。変位電流は式（1.5）右辺第 2 項の $\partial \boldsymbol{D}/\partial t$ で表現される。電波の伝わる空間の媒質を真空とすると，$\boldsymbol{J} = 0$，$\boldsymbol{D} = \varepsilon_0 \boldsymbol{E}$，$\boldsymbol{B} = \mu_0 \boldsymbol{H}$ の関係式が成り立つ。ここで ε_0，μ_0 は真空の誘電率（$\varepsilon_0 = 8.854 \times 10^{-12}$F/m）と透磁率（$\mu_0 = 4\pi \times 10^{-7}$ H/m）である。このとき，マクスウェルの方程式を直交座標系で表すと式（1.5）より

$$\boldsymbol{e}_x\left(\frac{\partial H_z}{\partial y} - \frac{\partial H_y}{\partial z}\right) + \boldsymbol{e}_y\left(\frac{\partial H_x}{\partial z} - \frac{\partial H_z}{\partial x}\right) + \boldsymbol{e}_z\left(\frac{\partial H_y}{\partial x} - \frac{\partial H_x}{\partial y}\right)$$
$$= \boldsymbol{e}_x \varepsilon_0 \frac{\partial E_x}{\partial t} + \boldsymbol{e}_y \varepsilon_0 \frac{\partial E_y}{\partial t} + \boldsymbol{e}_z \varepsilon_0 \frac{\partial E_z}{\partial t} \tag{1.7}$$

ここで $\boldsymbol{e}_x$，$\boldsymbol{e}_y$，$\boldsymbol{e}_z$ は x，y，z 方向の単位ベクトル，H_x，H_y，H_z は磁界の各成分，E_x，E_y，E_z は電界の各成分である。また式（1.6）より同様に

$$\boldsymbol{e}_x\left(\frac{\partial E_z}{\partial y} - \frac{\partial E_y}{\partial z}\right) + \boldsymbol{e}_y\left(\frac{\partial E_x}{\partial z} - \frac{\partial E_z}{\partial x}\right) + \boldsymbol{e}_z\left(\frac{\partial E_y}{\partial x} - \frac{\partial E_x}{\partial y}\right)$$
$$= -\boldsymbol{e}_x \mu_0 \frac{\partial E_x}{\partial t} - \boldsymbol{e}_y \mu_0 \frac{\partial E_y}{\partial t} - \boldsymbol{e}_z \mu_0 \frac{\partial E_z}{\partial t} \tag{1.8}$$

が得られる。

マクスウェルの方程式に付加される発散方程式はマクスウェルの方程式(1.5)，(1.6）の両辺の発散をとることで導出できて，以下の式となる。

$$\nabla \cdot \boldsymbol{D} = \rho \tag{1.9}$$

$$\nabla \cdot \boldsymbol{B} = 0 \tag{1.10}$$

ここで ρ は空間の電荷密度である。

以上四つの方程式（1.5），（1.6），（1.9），（1.10）を出発点として，境界条件と初期条件をもとに，空間を伝搬する電波および光波を導出する。最も簡単な解の一つである平面波について以下に述べる。平面波は無限に広い何もない自由な空間を伝わる波である。

1.5 平　面　波

式（1.9），（1.10）を $\rho=0$ で x，y，z 座標で表すと

$$\frac{\partial E_x}{\partial x}+\frac{\partial E_y}{\partial y}+\frac{\partial E_z}{\partial z}=0 \tag{1.11}$$

$$\frac{\partial H_x}{\partial x}+\frac{\partial H_y}{\partial y}+\frac{\partial H_z}{\partial z}=0 \tag{1.12}$$

となる。このとき光波が z 方向に進行しており，x，y 方向には電磁界の変化がないとする。E と H は z と t のみの関数となり

$$E_z=H_z=0 \tag{1.13}$$

となる。したがって，電磁界は進行方向に垂直な成分だけとなり，光波は完全な横波となる。マクスウェルの方程式から導出される電波で進行方向に電磁界成分のない電波（光波）を**TEM 波**（transverse electromagnetic wave）と呼ぶ。

マクスウェルの方程式は E_x と H_y の組について

$$\frac{\partial H_y}{\partial z}=-\varepsilon_0\frac{\partial E_x}{\partial t} \tag{1.14}$$

$$\frac{\partial E_x}{\partial z}=-\mu_0\frac{\partial H_y}{\partial t} \tag{1.15}$$

式（1.14），（1.15）より H_y の項を消去すると

$$\frac{\partial^2 E_x}{\partial t^2}=\frac{1}{\varepsilon_0\mu_0}\frac{\partial^2 E_x}{\partial z^2} \tag{1.16}$$

式（1.16）は位置 z に関する 2 階微分と時間 t に関する 2 階微分を関係づ

ける式なので波動方程式であることがわかる。したがって光波の伝搬を決める波動方程式である。微分方程式（1.16）の一般解は2回微分可能な任意の関数 f_1，f_2 により

$$E_x = f_1(z - ct) + f_2(z + ct) \tag{1.17}$$

と書くことができる。ここで c は定数である。$f_1(z - ct)$ は z の正方向に進む波である。なぜならば $z - ct$ ＝定数であるとき f_1 は同じ値を与え，また

$$\frac{dz}{dt} = c \tag{1.18}$$

となるので，$f_1(z - ct)$ は z の正方向に速度 c で移動する。$E_x = f_1(z - ct)$ は座標 x，y の値によらないで，z が一定の平面では同じ値をとる。したがって，$z - ct$ が一定の条件は一つの平面を表すので $f_1(z - ct)$ は一つの平面波を表現する。同様に $E_x = f_2(z + ct)$ は z の負の方向に進む平面波を表す。

式（1.17）の中の定数 c は

$$c = \frac{1}{\sqrt{\varepsilon_0 \mu_0}} \tag{1.19}$$

となり，真空中の光の速度 2.998×10^8 m/s を表す。

関数 f_1，f_2 として指数関数や三角関数が用いられる。指数関数を用いて単一周波数（単色）平面波の解を表現すると

$$E_x = E_{x1} \exp[ik(z - ct)] + E_{x2} \exp[ik(z + ct)] \tag{1.20}$$

となる。ここでは $k(= 2\pi/\lambda)$ は波数と呼ばれる定数である。

磁界の成分についても同様に波動方程式が得られる。磁界 H_y と電界 E_x の関係は

$$H_y = \frac{1}{\mu_0 c} E_x = \frac{1}{R_0} E_x \tag{1.21}$$

で与えられる。R_0 は磁界と電界の比を与え，自由空間の固有インピーダンスと呼ばれ，下式で与えられる。

$$R_0 = \sqrt{\frac{\mu_0}{\varepsilon_0}} = 376.7 \quad [\Omega] \tag{1.22}$$

電磁界ベクトルと進行方向との関係を**図 1.3** に示す。電界 E_x と磁界 H_y は

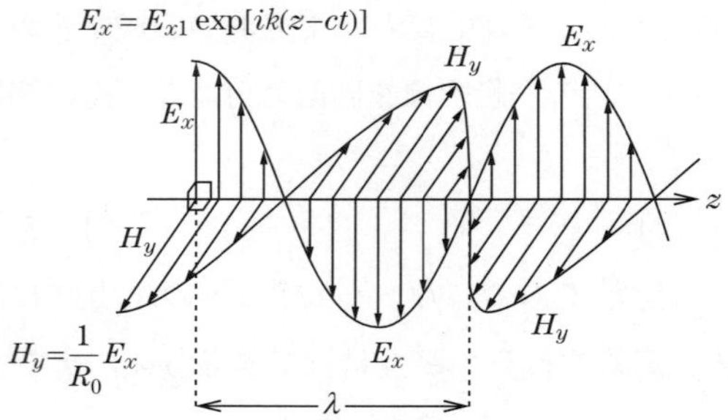

図 1.3　電波の電界と磁界の伝搬

直交しており，ベクトル $\boldsymbol{E}_x$ をベクトル $\boldsymbol{H}_y$ に重なるように回転したとき，右ねじの進む方向（z 方向）に平面波は進行する。電界と磁界は z に垂直な平面上ですべて同じ値となる。式（1.20）より平面波の周期は $\lambda(=2\pi/k)$ であり，位相（$=k(z-ct)$）が等しくなる面は同様に平面となる。

1.6 偏　　光

光波は横波であるので，電界（または磁界）の方向は進行方向に垂直な面内で自由な方向が可能である。そこで光波を表現するとき電界ベクトル（あるいは磁界ベクトル）の方向がどの方向であるかを明らかにする必要がある。これを表現するために「偏光」という用語が用いられる。光波の電界ベクトルの方向がつねに一定であるとき，この光波は直線偏光であるという。電磁界の進行方向の単位ベクトル $\boldsymbol{e}_n$ と電界ベクトル $\boldsymbol{E}$ を含む平面を，振動面または偏光面と呼ぶ。z 方向に伝搬する x 方向の直線偏光の電界 $\boldsymbol{E}_x$ は

$$\boldsymbol{E}_x = \boldsymbol{e}_x E_x \exp[i(kz-\omega t)] \tag{1.23}$$

と表せる。ここで ω は角周波数（$=2\pi\nu$）である。同様に y 方向に偏光した直線偏光の電界 $\boldsymbol{E}_y$ を

$$\boldsymbol{E}_y = \boldsymbol{e}_y E_y \exp[i(kz-\omega t-\delta)] \tag{1.24}$$

と表す。ここで δ は $t=0$，$z=0$ における $\boldsymbol{E}_x$ と $\boldsymbol{E}_y$ の電界の位相差である。$\delta>0$ であるとき，ある位置 z で時間領域において電界 $\boldsymbol{E}_y$ は $\boldsymbol{E}_x$ より位相が δ だけ進んでいる。$\delta<0$ のときは遅れているという。

ここで $\boldsymbol{E}_x$ と $\boldsymbol{E}_y$ が同時に存在する場合を考える。合成電界は二つのベクトルの和で与えられ

$$\boldsymbol{E} = \boldsymbol{E}_x + \boldsymbol{E}_y = [\boldsymbol{e}_x E_x + \boldsymbol{e}_y E_y \exp(-i\delta)]\exp[i(kz - \omega t)] \quad (1.25)$$

z が一定である平面上に電界ベクトル $\boldsymbol{E}$ の先端を投影して軌跡を調べてみる。x-y 方向の電界は複素表示の実部より与えられ

$$\mathrm{Re}(\boldsymbol{E}_x) = X = E_x \cos(\omega t) \quad (1.26)$$

$$\mathrm{Re}(\boldsymbol{E}_y) = Y = E_y \cos(\omega t + \delta) \quad (1.27)$$

ωt を消去して

$$\left(\frac{X}{E_x}\right)^2 - 2\frac{X}{E_x}\frac{Y}{E_y}\cos\delta + \left(\frac{Y}{E_y}\right)^2 = \sin^2\delta \quad (1.28)$$

となる。式 (1.28) は，電界ベクトルの先端の軌跡が一般的には楕円であることを示している。ベクトル $\boldsymbol{E}$ の先端軌跡を**図 1.4** に示す。

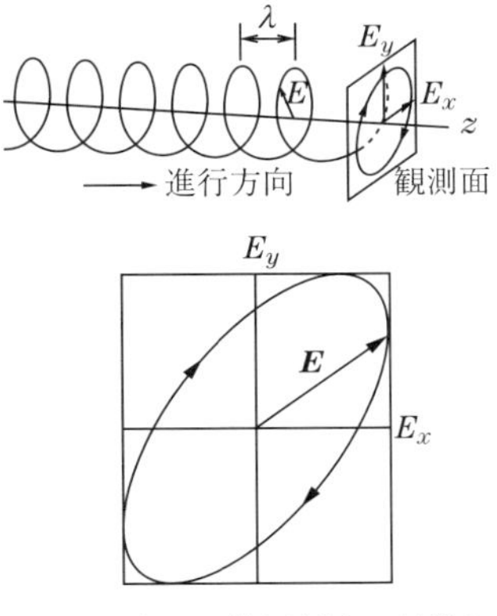

図 1.4　右回り楕円偏光の伝搬と観測者から見た偏光状態

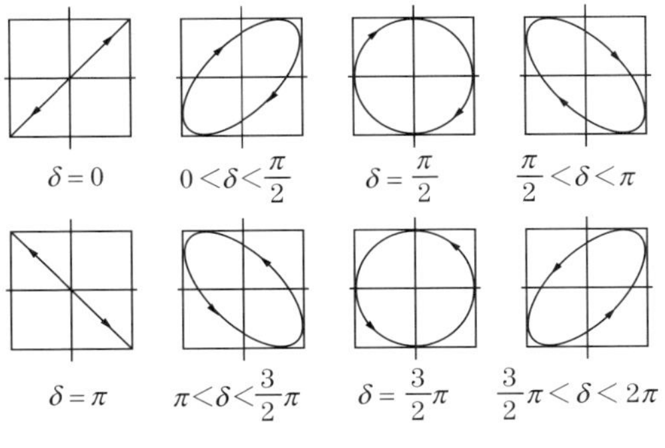

図 1.5　位相差の変化による偏光状態の変化

このときの光波の偏光状態を楕円偏光という。光波の進行方向が z 方向であるとき $-z$ 方向を見て x-y 平面上に射影された電界ベクトルの先端が時計回りに回転するとき，右回り楕円偏光と呼び，反時計回りに回転するとき左回り楕円偏光と呼ぶ。特に E_x と E_y の大きさが等しく，δ が $\pi/2$ の奇数倍であるとき式 (1.28) は円となる。この場合，円偏光という。δ が $\pi/2$ のとき，

時計回りにベクトルが回転し，右回り円偏光と呼ぶ。δ が $-\pi/2$ のとき，左回り円偏光になる。また $\delta=0$，π，2π，3π，…のときベクトル $\boldsymbol{E}$ の先端の軌跡は直線となり，$\delta=0$ のとき x 軸となす角 θ は

$$\tan\theta=\frac{E_y}{E_x} \tag{1.29}$$

で与えられる。**図 1.5** に E_x と E_y が等しいとき，δ の値に対する偏光の状態を電界ベクトルの先端軌跡で示した。

これらの結果より，任意の偏光の光は二つの直交する直線偏光の重ね合せにより表現できる。したがって二つの直線偏光において，それらの伝搬の性質が明らかになれば，任意の偏光の伝搬は，それらの合成により求められる。

1.7　一般媒質中の平面波

さて，1.6 節では真空中の光波について取り扱ったが，以下では媒質（例えばガラスや透明プラスチックなど）中の平面波について考える。媒質中の光波の速度 u は媒質の誘電率 ε，透磁率 μ を用いて

$$u=\frac{1}{\sqrt{\varepsilon\mu}} \tag{1.30}$$

で与えられる。真空中の光速 c との比より屈折率 n が定義される。

$$n=\frac{c}{u}=\sqrt{\frac{\varepsilon\mu}{\varepsilon_0\mu_0}} \tag{1.31}$$

一般のレンズなどの媒質では，透磁率は真空中の値とほとんど同じ（$\mu=\mu_0$）であるので

$$n=\sqrt{\frac{\varepsilon}{\varepsilon_0}} \tag{1.32}$$

となり屈折率は比誘電率（$\varepsilon/\varepsilon_0$）により与えられる。媒質の屈折率は光波の波長に依存する。**図 1.6** にガラス（ホウケイ酸ガラス）の屈折率の波長依存性を示した。

光の振動数 ν は単位時間当りの波の繰返し数で，媒質によらず普遍である

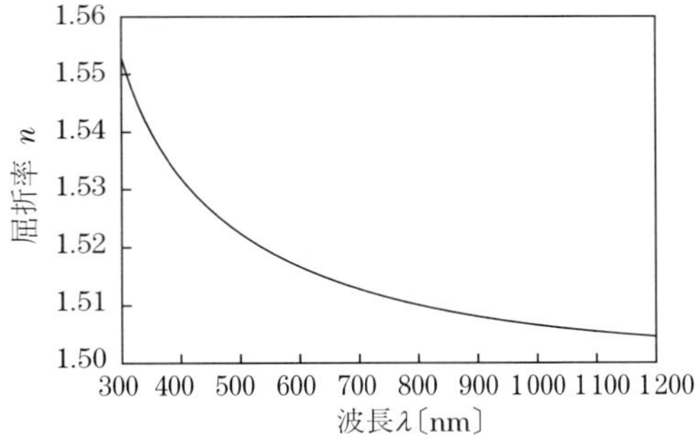

図 1.6　ホウケイ酸ガラスの屈折率の波長依存性

ので，媒質中で光速が小さくなる分，媒質中の波長 λ は真空中の値より小さくなる。媒質中の波長は

$$\lambda = \frac{u}{\nu} \tag{1.33}$$

により与えられる。また角周波数 ω は真空中と変わらず，波数 k は真空中より大きくなり以下のように定義される。

$$\omega = 2\pi\nu \tag{1.34}$$

$$k = \frac{2\pi}{\lambda} \tag{1.35}$$

したがって，一様な誘電体中を z 方向に伝搬する平面波は，真空中の場合と同様に

$$E_x = E_{x1} \exp[ik(z - ut)] \tag{1.36}$$

で与えられる。

電磁波は光速で伝搬するので，エネルギーも光速で伝わる。光波のエネルギーの流れを，ポインティングベクトルと呼ばれるベクトル $\boldsymbol{S}$ で表すことができる。

$$\boldsymbol{S} = \boldsymbol{E} \times \boldsymbol{H} \tag{1.37}$$

ポインティングベクトルの大きさは，単位面積を毎秒通過するエネルギーを表す。また電界 $\boldsymbol{E}$ と磁界 $\boldsymbol{H}$ の外積で与えられるので，ポインティングベクトルの方向は電界と磁界に垂直である。平面波の場合は光波の進行方向と一致する。ポインティングベクトルの時間平均 $\langle S \rangle$ は光の強度 I を表す。

$$I = \langle |S| \rangle = \frac{1}{2} u\varepsilon E_{x1}^2 \tag{1.38}$$

光の速度が u であるので，光波のエネルギー密度の時間平均（進行方向に垂直な単位面積を 1 秒間に通過するエネルギー）$\varepsilon E_{x1}{}^2/2$ で与えられ，電界の 2 乗に比例する。上式の 1/2 の係数は，正弦波的に変化する電磁場の平均により現れる。電波の電界のもつ電気的エネルギー密度と磁界のもつ磁気エネルギーは等しく，ポインティングベクトルのもつエネルギーを等しく分配して伝搬を担っている。光の計測により観測できるのは，光の振幅ではなく光強度であるが，光波（電界また磁界）の振幅の 2 乗に比例することに注意してほしい。

つぎに，平面波が空間の任意な方向に進む場合の数学的な表現について見てみよう。平面波の進む方向の単位ベクトルを $\boldsymbol{e}_n$ とすると

$$\boldsymbol{e}_n = \boldsymbol{e}_x \cos\alpha + \boldsymbol{e}_y \cos\beta + \boldsymbol{e}_z \cos\gamma \tag{1.39}$$

である。$\cos\alpha$，$\cos\beta$，$\cos\gamma$ は**図 1.7** に示すように各座標軸への方向余弦である。$\boldsymbol{e}_n$ 方向に伝搬する波数 k の光波の伝搬の波数ベクトルは $k\boldsymbol{e}_n$ で得られる。電界 $\boldsymbol{E}$ は

$$\begin{aligned}\boldsymbol{E} &= \boldsymbol{E}_0 \exp[i(k\boldsymbol{e}_n \cdot \boldsymbol{r} - \omega t)] \\ &= \boldsymbol{E}_0 \exp[i(kx\cos\alpha + ky\cos\beta + kz\cos\gamma - \omega t)]\end{aligned} \tag{1.40}$$

と表現できる。すなわち，光波の位相は波数ベクトル $\boldsymbol{k}$ と位置ベクトル $\boldsymbol{r}$ の内積で与えられる。

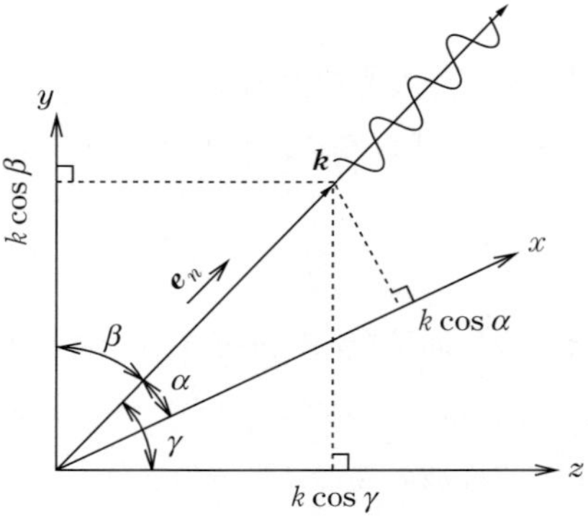

図 1.7　光波の波数ベクトルと各座標軸への方向余弦

これまでは，透明な媒質を考えてきた。このため光波は減衰することなく伝搬する。色ガラスのように光が吸収される媒質では，光波は**図 1.8** に示すように伝搬距離とともに減衰する。光が吸収される場合は，マクスウェルの方程式において導電率 σ を導入する。導電率 σ がゼロでないと，媒質に電流が流れジュール損失が生じて，光波の強度は伝搬とともに減衰する。マクスウェルの方程式（1.5）において

$$\boldsymbol{J} = \sigma \boldsymbol{E} \tag{1.41}$$

とおいて，$\rho = 0$ として，同様にして波動方程式を求めると

$$\frac{d^2 E_x}{dz^2} = i\omega\mu(\sigma + i\omega\varepsilon)E_x \tag{1.42}$$

となる。ここで電界と磁界はそれぞれ $\boldsymbol{E} = \boldsymbol{e}_x E_x \exp(i\omega t)$，$\boldsymbol{H} = \boldsymbol{e}_y H_y \exp(i\omega t)$ である。伝搬定数 γ（α：減衰定数，β：位相定数）を

$$\gamma = \alpha + i\beta = \sqrt{i\omega\mu(\sigma + i\omega\varepsilon)} \tag{1.43}$$

とおくと，z 方向へ進む前進波は

$$E_x = E_{x1}\exp(-\alpha z)\exp[-i(\omega t - \beta z)] \tag{1.44}$$

により与えられる。この平面波は第 1 の指数関数のため z の正方向に振幅が減衰する。$1/\alpha$ に等しい距離を伝搬すると振幅が $1/e$ 倍に減衰する。可視域で透明なガラス材料も紫外波長領域で吸収のため光は透過しない。

図 1.9 にガラス（ホウケイ酸ガラス，厚さ 2 mm）の透過率を示す。透過率が 400 nm 以下で急峻に低下するのは吸収のためである。また 400 nm 以上の

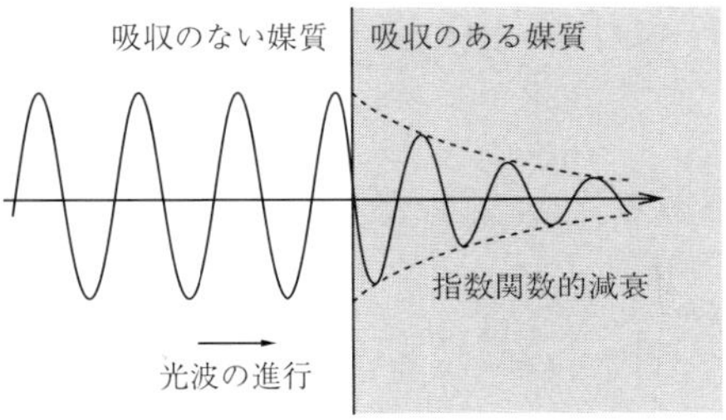

図 1.8 光波の吸収による減衰

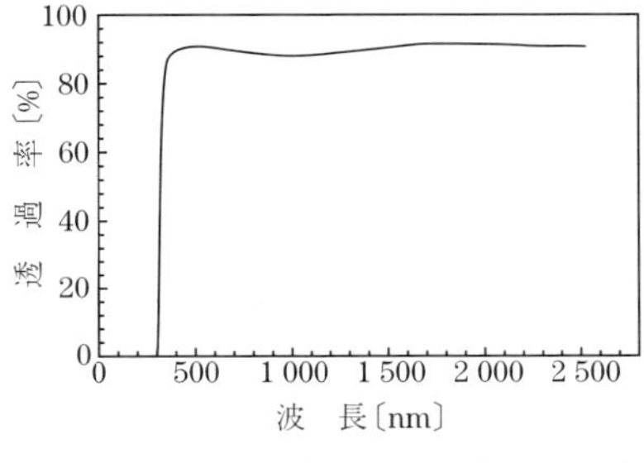

図 1.9 ホウケイ酸ガラス（厚さ 2 mm）の透過率

透過帯域で 100 %の透過率にならないのは屈折率の異なる境界面による反射のためである。α は吸収係数とも呼ばれ単位は距離の逆数になるので，cm^{-1}の単位が用いられる。

1.8 ガウスビーム

1.7 節ではマクスウェルの方程式の解として波面が無限に広がった平面波が得られた。本節では別の解であるガウスビームを取り扱う。平行光線をどこまで小さい点に集光できるかをガウスビームに基づいて考えてみよう。

レーザ光を空間に飛ばすと，細いビーム状になり，光波は空間の限られた領域にしか存在しない。このビームをレンズで集光すると小さな光のスポットとなる。このような光ビームはマクスウェルの方程式の解であるガウスビームとして表される。ガウスビームの性質から，レーザビームを集光させたときの焦点の大きさが理論的に計算できる。

ガウスビームをマクスウェルの方程式から導出するには，光軸に対して軸対称な解を探す。そこで媒質の屈折率が光軸（z 軸）より半径（r）方向に緩やかに（cr^2 で）変化していると仮定し，それを満たすマクスウェルの方程式の解を探す。その後，c を 0 に近づけて，一様媒質中での解を得る。詳しくは文献 3)，4）を参照されたい。このようにして得られた光波の電界は次式により与えられる。

$$E(r,\ z) = E_0 \frac{w_0}{w(z)} \exp\left[i(k_0 z - \eta(z)) - r^2\left(\frac{1}{w^2(z)} + \frac{ik_0}{2R(z)} \right) \right] \tag{1.45}$$

ここでパラメータはつぎのように定義される。

$$w^2(z) = w_0{}^2\left[1 + \left(\frac{\lambda z}{\pi w_0{}^2 n} \right)^2 \right] = w_0{}^2\left[1 + \frac{z^2}{z_0{}^2} \right] \tag{1.46}$$

$$\eta(z) = \tan^{-1}\left(\frac{z}{z_0} \right) \tag{1.47}$$

$$R(z) = z\left(1 + \frac{{z_0}^2}{z^2}\right) \tag{1.48}$$

図 1.10 に，式（1.45）より求めた電界の軸方向断面における分布と軸に垂直な断面での光強度の分布を示す。ビームの光軸方向断面の形状は中央で細い部分があり，中央より離れるに従ってしだいに太くなる。レーザビームは広がらずにまっすぐビームが進むように思われるが，一般にはレーザ発振器のところにビームの最も細い部分があり，離れるとともにしだいに広がっている。このようなほとんど平行であるがしだいに広がるレーザビームは，図 1.10 の z 軸の尺度を拡大して表現できる。また同様に，z 軸の尺度を縮めれば，レンズで集光した光ビームの焦点領域を表現できる。

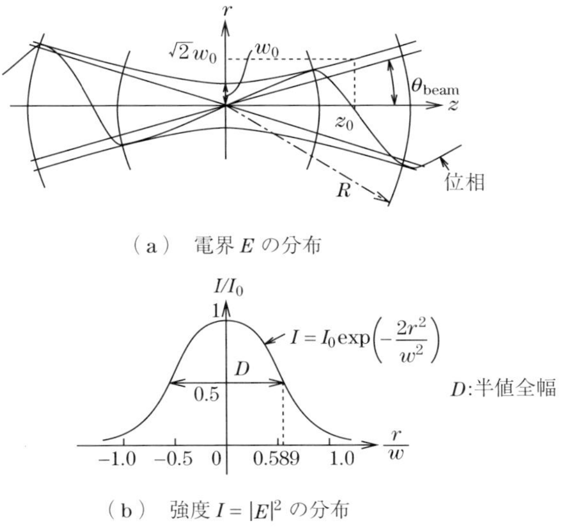

図 1.10　ガウスビームの形状と光強度分布

ここで共焦点距離 z_0 を次式のように定義する。

$$z_0 = \frac{\pi {w_0}^2 n}{\lambda_0} \tag{1.49}$$

n は媒質の屈折率である。このとき z_0 は w が w_0 の $\sqrt{2}$ 倍になる距離を与える。したがって，ビームが最も細くなっている部分の長さの目安を与える。ビームが細く絞られている領域は $+z_0$ から $-z_0$ までであり，この領域の長さ $2z_0$ を焦点深度という。

点光源から広がる球面波の電界は

$$E \propto \frac{1}{R}\exp(ikR) = \frac{1}{R}\exp\left(-ik\sqrt{x^2+y^2+z^2}\right)$$
$$\cong \frac{1}{R}\exp\left(-ikz - ik\frac{x^2+y^2}{2R}\right) \tag{1.50}$$

により与えられるから，式（1.48）において R は z が大きくなったところにおける波面の曲率半径を与える。このとき，ビームの広がりは半頂角が $\lambda/\pi w_0$ の円錐に漸近する。

また光の強度は電界の絶対値の 2 乗に比例するので，光の強度 I は

$$I = I_0\exp\left(-2\frac{r^2}{w^2}\right) \tag{1.51}$$

により与えられる。I の r 方向依存性（断面光強度分布）が図 1.10 に示されている。式（1.45）より $z=0$ のとき，$r=w_0$ において E の値は中心（$r=0$）の値 E_0 の $1/e$ となるので，w_0 は電界振幅の最小半径（半値半幅）を与える。この半径が集光したビームの光スポットの大きさに対応し，ビームが最も細くなるので，ビームのウエストと呼ぶ。同様に考えると $w(z)$ は z の位置でのビーム半径を与える。このようにビームの断面における光強度分布はガウス関数により与えられ，光軸上で最も光強度が高く，半径の増加とともに緩やかに減少しながらゼロに近づく。

さて，このようにして求められたガウスビームの解は現実の問題とどのような関係にあるのであろうか。一例として，平行レーザビームをレンズにより集光させる場合を考える。

このとき，ガウスビームは焦点に集束する光波を与える（レンズに入射している平行ビームも，ずっと離れたところにビームのウエストの位置をもつガウスビームである）。レーザ加工，光ディスク，レーザ顕微鏡などに用いられる基本的な光学系である。ガウスビームの性質を用いると，どれくらい小さいスポットに光を集束させることができるかを予測できる。実用的なパラメータに

よりこの関係を表すと，図1.10よりビームの半値全幅 D（強度が半分になるところの直径）は

$$D = 1.2\,w \tag{1.52}$$

ビームウエスト（スポットサイズ）と共焦点距離の関係は，屈折率1の場合

$$z_0 = \frac{\pi {w_0}^2}{\lambda_0} \tag{1.53}$$

で与えられる。またビームの広がり角とスポットの関係は

$$\theta_b \approx \frac{\lambda_0}{\pi w_0} \tag{1.54}$$

で与えられる。**図1.11**のようにレーザ光をレンズで絞る場合，入射ビーム径を D_L，レンズの焦点距離を f，入射光の波面の曲率半径を R_1，屈折後の曲率半径を R_2 とすると $1/R_2 = (1/R_1) - (1/f)$ である。平行ビームを集光させる図1.11の光学系（$R_1 = \infty$）において，スポットの半値全幅は式（1.52）と（1.54）を用いて近似的に下式により与えられる。

$$D_0 = 0.76\,\frac{\lambda_0 R_2}{D_L} \tag{1.55}$$

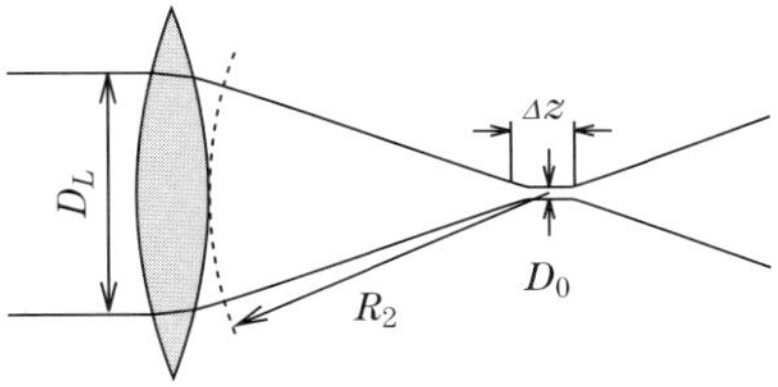

図1.11 レーザビームの集光

顕微鏡の対物レンズなどの集束角を表す**開口数**（numerical aperture, $NA = D_L/2R_2$）を用いると

$$D_0 = 0.38\,\frac{\lambda_0}{NA} \tag{1.56}$$

また，カメラレンズなどに用いられるFナンバ（$F = R_2/D_L$）を用いると

$$D_0 = 0.76\,\lambda_0 F \tag{1.57}$$

となる。したがって，例えばFナンバが2のレンズで集光すると焦点でのスポット径は $1.6\,\lambda_0$ となり，およそ波長程度のスポットに光を集光させること

ができる。レーザ光を集束させて高速に走査しディジタル情報を記録，読出しする方法は，光ディスクのメモリ方式に用いられている。スポット径から記録密度の限界が決まるので大きな開口数のレンズが用いられ，波長も短い方が望ましい。

光記録やレーザ加工において，集束したレーザ光のスポット径は基本的なパラメータであるが，どのくらいの範囲でそのようなスポット径が得られるかを知ることも重要である。焦点深度（$\Delta z = 2z_0$）がそのような領域の長さを与えるが，下式により近似でき

$$\Delta z = 4.5\frac{D_0^2}{\lambda_0} \tag{1.58}$$

で与えられる。これらのスポット径や焦点深度の値は幾何光学的な取扱いからは得られず，電磁界の基礎方程式であるマクスウェルの方程式から導出された光の性質の一例である。

1.9 応　用　例

1.9.1　走査型レーザ顕微鏡

本章に関係する応用に関して，ガウスビームの応用としてレーザ顕微鏡を紹介し，光の偏光の応用として液晶ディスプレイについて説明する。

走査型レーザ顕微鏡は集光したレーザビームを試料に照射し，透過する光あるいは反射する光を測定する。試料を走査することで，各測定点における光強度を得，それらを集めて画像を得る。走査型レーザ顕微鏡では，波長限界まで集光したレーザビームにより試料を測定するので，高い解像度が得られる。共焦点タイプの走査型レーザ顕微鏡では，ピンホールを用いてノイズを低減できるので，さらに良い解像度が得られる。**図 1.12** に走査型共焦点レーザ顕微鏡の光学系を示す。

レーザ光源を出た光（ガウスビーム）は開口数（NA）の大きい顕微鏡用の対物レンズにより，回折限界までレーザ光を集光する。焦点の位置に薄い試料

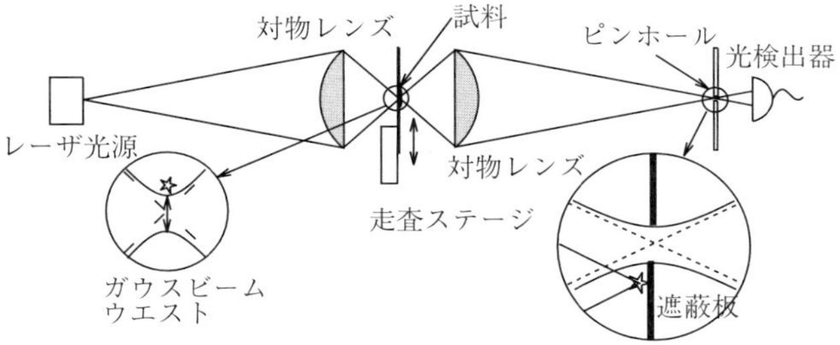

図 1.12　走査型共焦点レーザ顕微鏡の光学系

を置いて，光軸に対して垂直方向に試料を走査する。レーザビームが集光した様子を図中に書き込んだ。

集光点はガウスビームの径が最も細くなるウエスト位置に相当する。試料を透過した光は入射の光学系と対称な光学系により検出する。開口数の高い対物レンズにより透過光を集め光検出器に入れる。この状態で，試料を機械的に走査し，信号を走査位置に対応して表示することで，顕微鏡画像が得られる。

このとき，検出器前のレーザ光焦点にピンホールを置いて焦点の位置の光のみを光検出器に取り込むと，画像のコントラストが改善される。試料上のレーザビームの集光点とピンホールの集光点は，“共役”の関係にあるという。ピンホールの直径をビームウエストの径と同じにすると集光点の試料から出た光はピンホールを透過し，ほとんど損失なく光検出器に受光される。

一方，試料の焦点近傍で発光した光（散乱光や蛍光，図 1.12 の中で，☆印により示した発光点）はピンホール面上でピンホールの外の遮蔽板上に集光し，検出器には入らない。このため，試料の焦点以外からの発光は取り除かれ，ノイズが低減され，画像が鮮明になる。このため，ピンホールを入れた顕微鏡の解像度は高くなる。このような顕微鏡は共焦点顕微鏡と呼ばれる。

共焦点顕微鏡を反射型顕微鏡として構成する場合は，**図 1.13** に示すような光学系となる。

試料面に対して図 1.12 に示した光学系を折り返した構成である。試料の設置や走査が容易で光が透過しない試料にも適用できる。

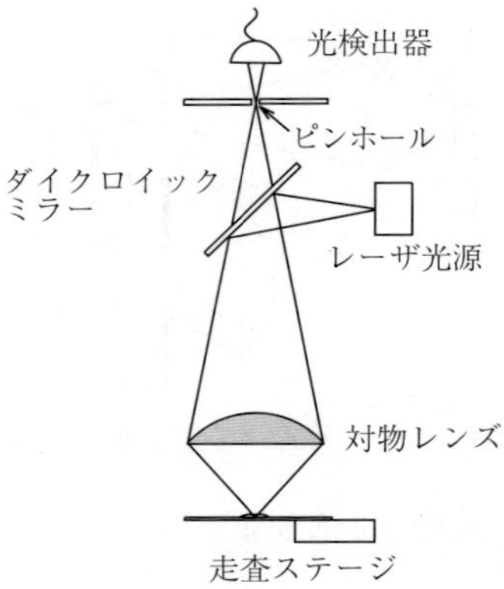

図 1.13　反射型共焦点レーザ顕微鏡

レーザ光で照射し，試料からの蛍光を測定する蛍光顕微鏡として用いられる場合が多い。この場合，レーザ光は試料物質の励起光となり，試料からの蛍光は励起光より長い波長の光となる。このため，ビームスプリッタには励起光と蛍光を分離するダイクロイックミラーが用いられる。

試料で発光した蛍光は励起光の散乱などにより集光レーザの直径より広がる場合もあるが，光検出器の前に置かれたピンホールにより，集光点からの蛍光のみが測定される。これにより，高い解像度の蛍光像が得られる。ピンホールの効果は試料の焦点面における余分な光を取り除くだけでなく，試料の深さ方向（光軸方向）に対しても焦点以外の余分な場所からの光を取り除く働きをする。すなわち，焦点位置より深い点からの発光はピンホールより手前で集光（結像）するので，ピンホールの面では広がり，ピンホールに入る光量はごくわずかとなる。

このように，ピンホールを設置することで，焦点面の発光点からの光のみが検出されるので，共焦点顕微鏡は試料の深さ方向に対する空間分解能をもつ。すなわち，試料がある程度透明である場合は，試料の高さを変えて画像を取ることで，深さごとの顕微鏡画像が得られる。このように，走査型共焦点顕微鏡では，試料の横方向走査を高さを変えて繰り返すことにより，3 次元の顕微鏡像が得られる。

1.9.2 液晶ディスプレイ

図1.14 に液晶ディスプレイ（TN 型）の断面構造を示す。図1.14の下方よりバックライトで照明し，偏光フィルタ，ガラス基板，透明電極，配向膜を通過し，液晶層に入射する。液晶層は一部に挿入したスペーサにより，一定の間隙に保っている。液晶層の上を配向膜，透明電極で挟み，さらにカラーフィルタを通り色が表現される。さらにガラス基板，偏光フィルタを通り，目に届く。液晶分子の配向のために用いられる配向膜の溝の方向は，2枚の配向膜で直交するように配置される。また，光の偏光を選択する偏光フィルタの偏光方向も直交するように配置されている。

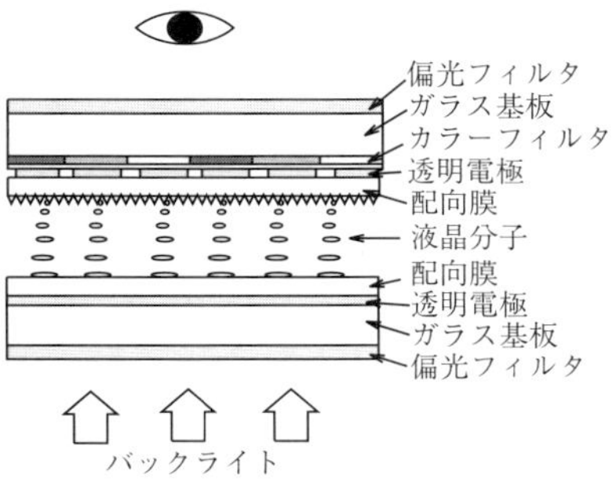

図1.14　液晶ディスプレイの断面構造

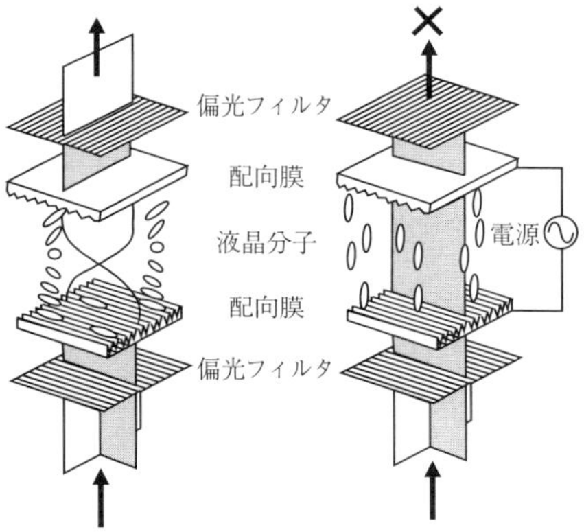

図1.15　液晶（TN 型）表示の動作原理

動作原理を**図1.15**により紹介する。液晶分子は細長い高分子で，液体ではあるが結晶構造を取る性質がある。自然状態では長い分子の長軸方向にゆるやかな規則性をもって並んでいる。細かな溝をつけた配向板2枚を用いて，液晶をはさむ。

それぞれの溝の方向が直交するように板を配置するとき，液晶の配列は溝に沿った方向に並びやすいので，上の板では溝に沿って並んでいる分子は，しだいに回転し90°（度）回転して下板の溝の方向にそろうように配列する。すなわち，液晶分子は上下の板内で配列が90°ねじれた状態になる。このような状態の液晶に光を通すと光の偏光も90°ねじれて通過する。

二つの板の間に電圧を印加すると分子の配列の方向が板面に垂直方向になり，光はねじれることなく直進する。すなわち，電圧を加えることで液晶の配列が変わり，入射光の偏光は回転されないで液晶を通過する。そこで，2枚の偏光フィルタを配向膜に重ね合わせて液晶ディスプレイを作る。

偏光フィルタは特定の方向の偏光を透過する薄膜であるが，上下二つの偏光フィルタの偏光方向を直交させておくと，電圧を加えないとき，入射光は液晶内部で90°回転して2枚の偏光フィルタを透過できる。これに対して，電圧を印加すると入射光の偏光は回転しないので，出口の偏光フィルタの偏光方向と直交し，透過できない。すなわち光を遮断する。このように電圧の印加により，光の透過と遮断を制御して文字や絵を表示できる。

演　習　問　題

【1】 周波数がわずかな量 $\Delta\nu$ だけ異なる二つの光の波長差 $\Delta\lambda$ はどれだけか。

【2】 $\sin(\omega t \pm kz)$ が波動方程式（1.16）の解であることを示せ。このとき，ω と k はどのような関係にあるか。

【3】 式（1.26）と式（1.27）より式（1.28）を導出せよ。

【4】 図1.11の光学系において，できるだけ小さいスポット径を得るためにはどのようなレンズを用いればよいか。

【5】 光波のエネルギー密度は電界によるエネルギー密度 $(1/2\ (\varepsilon_0 E^2))$ と磁界のエネルギー密度 $(1/2\ (\mu_0 H^2))$ に等しく分配されることを示せ。

【6】 式（1.2）が平面波を表すことを説明せよ。

2 反射と屈折

2.1 反射・屈折の境界条件

本章では異なる媒質が接する境界面における光の伝搬について述べる。境界面では光の反射，屈折が生じる。レンズは屈折により光線の方向を変えるので，屈折の特性はレンズの特性を左右する。また，光の色を分けるプリズムは屈折の波長依存性を用いている。

レンズやガラス窓の表面の反射は結像する光量を減らし，反射光は迷光となり画像などにノイズを発生させる。このため，無反射コーティングや光の入射角を調節して反射光を減らすような工夫がなされる。光通信に用いられる光ファイバの中では全反射が繰り返されて光は伝搬する。また，反射や屈折の量は光の偏光状態に依存するが，スキーなどで利用する偏光サングラスは雪面で反射されやすい偏光成分を取り除くように偏光方向を調節した偏光フィルタを利用している。

このように反射と屈折の現象は私たちの生活にも深く関わっている。本章では，反射と屈折の基本法則と応用について述べる。

反射・屈折の境界条件はマクスウェルの方程式から導出できる。**図 2.1** に示すような二つの媒質の境界においてそれぞれの 1 と 2 の領域での電磁界成分を，$\boldsymbol{E}_1$，$\boldsymbol{E}_2$，$\boldsymbol{H}_1$，$\boldsymbol{H}_2$，$\boldsymbol{D}_1$，$\boldsymbol{D}_2$，$\boldsymbol{B}_1$，$\boldsymbol{B}_2$ とし，境界面において媒質 1 から 2 の

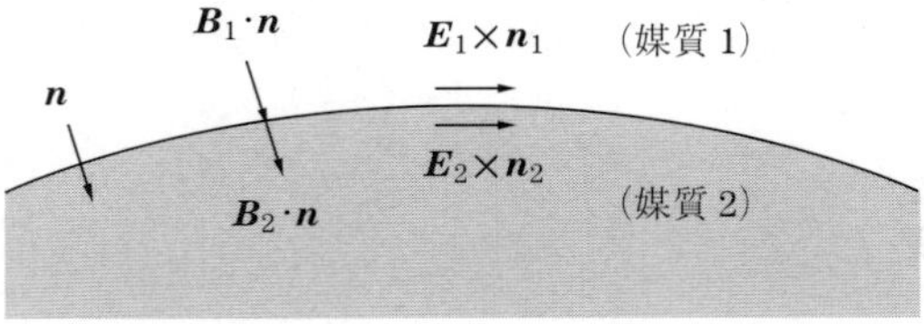

図 2.1　境界における電磁界の連結

方向を向いた法線単位ベクトルを $\boldsymbol{n}$ とすると，境界条件は次式で与えられる。

$$\boldsymbol{n} \times (\boldsymbol{E}_2 - \boldsymbol{E}_1) = 0 \tag{2.1}$$

$$\boldsymbol{n} \times (\boldsymbol{H}_2 - \boldsymbol{H}_1) = \boldsymbol{L} \tag{2.2}$$

$$\boldsymbol{n} \cdot (\boldsymbol{D}_2 - \boldsymbol{D}_1) = \sigma \tag{2.3}$$

$$\boldsymbol{n} \cdot (\boldsymbol{B}_2 - \boldsymbol{B}_1) = 0 \tag{2.4}$$

式 (2.1) は電界 $\boldsymbol{E}$ の接線方向成分が境界面の両側で連続であることを示している。式 (2.2) では L が表面電流密度を表し，境界面に局在する。この電流は媒質 2 が完全導体であるときのみ現れる。式 (2.3) において σ は表面電荷密度である。真電荷が表面に現れている場合に相当する。完全導体に対しては導体の内部で電界がゼロになるように表面に電荷が分布するので，電束の法線方向成分 $\boldsymbol{D} \cdot \boldsymbol{n}$ は表面電荷で終端される。真電荷が誘電体表面に存在する場合には，一部の電束が遮蔽される。式 (2.4) は磁束 B の法線方向成分はつねに連続であることを示している。

2.2　金属（完全導体）による反射

金属表面での反射を考える（ここでは金属を完全導体すなわち導電率が無限大として取り扱う）。表面に立てた法線に対して角度 θ で光線が入射するとしよう。光には二つの偏光成分が存在するので，入射光の偏光状態により反射の仕方は二つに分けられる。一つは電界ベクトルが境界面の法線と入射光線が含まれる面（入射面と呼ぶ）内に存在する場合（p 偏光と呼ぶ，**図 2.2**(a)），もう一方は磁界 $\boldsymbol{H}$ が入射面内に存在する場合(s 偏光と呼ぶ，図(b))である。

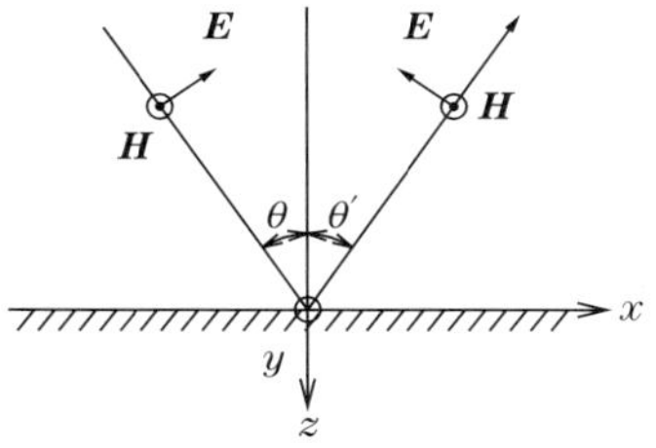

（a） p 偏 光

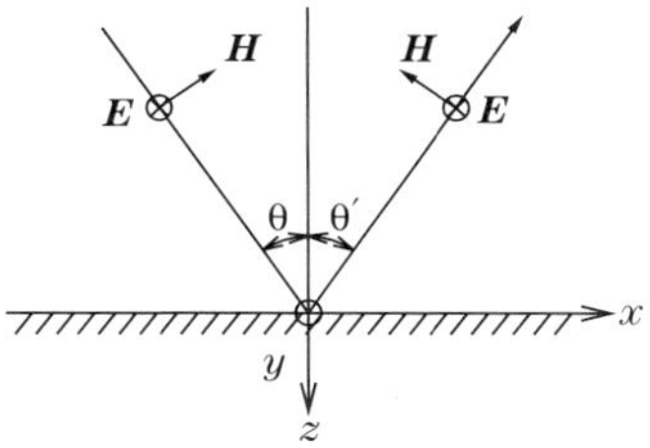

（b） s 偏 光

図 2.2 完全導体による反射

入射光線の振動面がどちらでもない場合は，それら二つの場合にベクトル的に分解できるので，p，s の二つの偏光による反射を別々に考えて，あとで合成すればよい。p 偏光の場合，$\boldsymbol{E} = (E_x \quad 0 \quad E_z)$，$\boldsymbol{H} = (0 \quad H_y \quad 0)$ で表され，境界条件 $\boldsymbol{n} \times \boldsymbol{E} = 0$ とマクスウェルの方程式より $\partial H_y/\partial z = 0$ の条件が得られる。

光学装置では，ガラスの表面にアルミニウムをコートした反射鏡が用いられている。家庭で見かける鏡は裏面より金属がコートされガラスを通して光を反射させるが，光学実験にはガラス面に金属をコートしてガラスを通さず金属面を反射面として用いる。これはガラス表面での反射光が金属面からの反射光に重なるのを防ぐためである。

金属表面鏡による反射について続けて考えてみよう。鏡面に垂直に入射する光を考える。入射光の電界 $\boldsymbol{E}_i$ は $\boldsymbol{e}_x E_{ix} \exp i(kz - \omega t)$，反射光の電界は $\boldsymbol{E}_r = \boldsymbol{e}_x E_{rx} \exp i(-kz - \omega t + \delta)$ で表せる。合成電界は $\boldsymbol{E} = \boldsymbol{E}_i + \boldsymbol{E}_r$ で表される。境界 $z = 0$ において電界の接線方向成分は 0 （導体内部で電界はゼロ）であるので，$(\boldsymbol{E}_i + \boldsymbol{E}_r)_{z=0} = 0$ となり，$E_{rx} = E_{ix}$，$\delta = \pi$ が得られる。したがって $E_{rx} = -E_{ix}$ となる。

すなわち，反射光の振幅は大きさが入射光と同じになり，符号は反転する。入射した光のエネルギーのすべてが反射される。入射波と反射波は方向が反対であるので，鏡の上の空間ではそれらの光波が重なり合う。重なり合った合成波の電界 $(\boldsymbol{E} = \boldsymbol{e}_x E_x)$ は

$$E_x = 2\,iE_{ix}(\sin kz)\exp(-\,i\omega t) = 2\,E_{ix}(\sin kz)\exp\left[-\,i\left(\omega t - \frac{\pi}{2}\right)\right] \tag{2.5}$$

磁界は

$$H_y = 2\,H_{iy}(\cos kz)\exp(-\,i\omega t) \tag{2.6}$$

電磁界の振幅は空間のどの場所においても同位相で変化しており，入射光と反射光の干渉により**図 2.3** に示すように定在波が形成される。

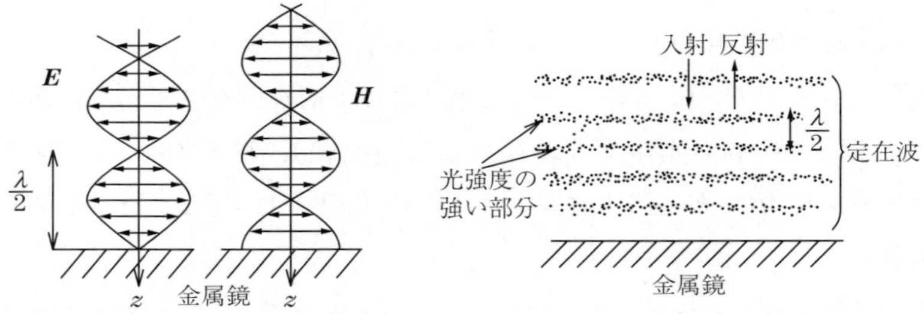

（a） 電界および磁界の空間分布　　（b） 光強度の空間分布

図 2.3　金属鏡（完全導体）に垂直入射した平面波の反射

電界は導体面から $\lambda/2$ の整数倍だけ離れた位置において強度が 0 となる。これは定在波の節である。導体面上では電界の接線方向成分が連続であることより 0 となる。磁界については式（2.6）において z 方向の振幅変化が cos 関数であるので境界面（$z = 0$）において極大振幅（定在波の腹）となる。また，式（2.5）と式（2.6）の時間項を比較すると電界 E_x は磁界 H_y より $\pi/2$ 位相が遅れている。

2.3　誘電体の反射と屈折——スネルの法則

金属（完全導体）表面では光は反射され，金属内部には入射しない。これに対して，ガラスや透明プラスチックのような誘電体の場合は，反射光と屈折光が生じる。以下においては等方性の誘電体の表面における反射と屈折の法則について述べる。金属表面のところで述べたように p 偏光と s 偏光に対して反射，屈折の性質が異なる。まず，どちらの偏光に対しても共通の法則であるスネルの屈折の法則について述べる。

図 2.4 に，p 偏光および s 偏光に対する誘電体境界面における反射と屈折を示す。

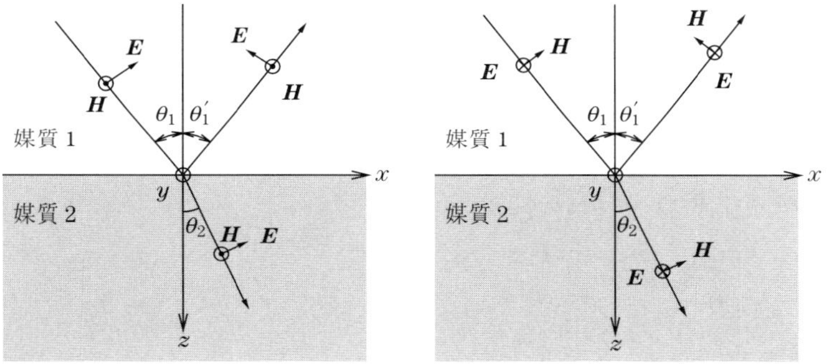

（a） p 偏光　　（b） s 偏光

図 2.4 誘電体境界面における反射と屈折

まずはじめに図(a)に示す p 偏光について考察する。s 偏光に対しても同様に考えることができる。p 偏光では電界ベクトル $\boldsymbol{E}$ が入射面に含まれる。p 偏光の磁気ベクトルは入射面に対して垂直な成分（y 成分）しかもたない。入射，反射，屈折光に対して平面波を考え，磁気ベクトルの y 成分を以下のように表す。

$$H_i = H_{i0} \exp[i(\boldsymbol{k}_i \cdot \boldsymbol{r} - \omega t)] \tag{2.7}$$

$$H_r = H_{r0} \exp[i(\boldsymbol{k}_r \cdot \boldsymbol{r} - \omega t)] \tag{2.8}$$

$$H_t = H_{t0} \exp[i(\boldsymbol{k}_t \cdot \boldsymbol{r} - \omega t)] \tag{2.9}$$

ここで H_{i0}，H_{r0}，H_{t0} は複素振幅である。$\boldsymbol{k}_i$，$\boldsymbol{k}_r$，$\boldsymbol{k}_t$ はそれぞれ入射光，反射光，屈折光の波面に垂直なベクトルでそれぞれ $2\pi/\lambda_1$，$2\pi/\lambda_1$，$2\pi/\lambda_2$ の大きさをもつ波数ベクトルである。λ_1，λ_2 は媒質 1，2 の中の波長であり，$\lambda_1 = c/(\nu n_1)$，$\lambda_2 = c/(\nu n_2)$ で表される。入射角を θ_1，反射角を θ_1' とすると波数ベクトルはそれぞれつぎの式で与えられる。

$$\boldsymbol{k}_i = 2\pi\frac{\nu n_1}{c}(\sin\theta_1 \quad 0 \quad \cos\theta_1) \tag{2.10}$$

$$\boldsymbol{k}_r = 2\pi\frac{\nu n_1}{c}(\sin\theta_1' \quad 0 \quad -\cos\theta_1') \tag{2.11}$$

$$\boldsymbol{k}_t = 2\pi\frac{\nu n_2}{c}(\sin\theta_2 \quad 0 \quad \cos\theta_2) \tag{2.12}$$

ここで c は光速，ν は振動数，n_1，n_2 は媒質 1，2 の屈折率 $n_1 = \sqrt{\varepsilon_1/\varepsilon_0}$，$n_2 = \sqrt{\varepsilon_2/\varepsilon_0}$ である。媒質 1 と 2 の境界（$z = 0$）上では，波の位相は連続であるので

$$\boldsymbol{k}_i\cdot\boldsymbol{r} = \boldsymbol{k}_r\cdot\boldsymbol{r} = \boldsymbol{k}_t\cdot\boldsymbol{r} \tag{2.13}$$

$$n_1 x\sin\theta_1 = n_1 x\sin\theta_1' = n_2 x\sin\theta_2 \tag{2.14}$$

式（2.14）より

$$\theta_1 = \theta_1' \tag{2.15}$$

$$n_1\sin\theta_1 = n_2\sin\theta_2 \tag{2.16}$$

式（2.15）より反射角は入射角に等しい。また，式（2.16）は屈折角と入射角の関係を与える。また，屈折光と反射光は，同一平面内すなわち入射面内にある。このように式（2.16）で表される屈折の性質を**スネルの法則**（Snell's law）または屈折則と呼ぶ。上に述べた議論は s 偏光の場合にも，電界 E についてまったく同様に導出できるので屈折則は偏光によらず成立する。

反射光量や屈折光量は入射角に依存しているので，入射角を変えることでそれぞれの光量を調節できる。また，光学装置では窓の反射光を少なくしたい場合が多いが，特定の入射角と偏光を利用することで反射光を小さくできる。以下では反射光や屈折光の割合を与える反射率，屈折率について説明する。

誘電体表面ではマクスウェルの方程式の境界条件式（2.1）から（2.4）は，表面電流 $\boldsymbol{L}$ と表面電荷 σ を 0 として

$$\boldsymbol{n}\times(\boldsymbol{E}_2 - \boldsymbol{E}_1) = 0 \tag{2.17}$$

$$\boldsymbol{n}\times(\boldsymbol{H}_2 - \boldsymbol{H}_1) = 0 \tag{2.18}$$

$$\boldsymbol{n}\cdot(\boldsymbol{D}_2 - \boldsymbol{D}_1) = 0 \tag{2.19}$$

$$\boldsymbol{n}\cdot(\boldsymbol{B}_2-\boldsymbol{B}_1)=0 \tag{2.20}$$

で与えられる。式（2.18）より $\boldsymbol{H}$ の境界接線方向成分が連続であることより，式（2.7）から式（2.9）を用いて

$$H_{i0}+H_{r0}=H_{t0} \tag{2.21}$$

平面波の場合，式（1.21）より

$$H_{i0}=n_1\sqrt{\frac{\varepsilon_0}{\mu_0}}E_{i0} \tag{2.22}$$

$$H_{r0}=n_1\sqrt{\frac{\varepsilon_0}{\mu_0}}E_{r0} \tag{2.23}$$

$$H_{t0}=n_2\sqrt{\frac{\varepsilon_0}{\mu_0}}E_{t0} \tag{2.24}$$

式（2.22）から式（2.24）を用いて式（2.21）を書きかえると

$$n_1(E_{i0}+E_{r0})=n_2E_{t0} \tag{2.25}$$

式（2.17）より

$$(E_{i0}-E_{r0})\cos\theta_1=E_{t0}\cos\theta_2 \tag{2.26}$$

振幅反射係数 r_p は電界の振幅の比 E_{r0}/E_{i0} により求められる。

$$r_p=\frac{E_{r0}}{E_{i0}}=\frac{n_2\cos\theta_1-n_1\cos\theta_2}{n_2\cos\theta_1+n_1\cos\theta_2} \tag{2.27}$$

また振幅透過率 t_p は

$$t_p=\frac{E_{t0}}{E_{i0}}=\frac{2n_1\cos\theta_1}{n_2\cos\theta_1+n_1\cos\theta_2} \tag{2.28}$$

スネルの法則を用いると，上式は屈折率を用いず，入射角と屈折角の関数として表せる。

$$r_p=\frac{\tan(\theta_1-\theta_2)}{\tan(\theta_1+\theta_2)} \tag{2.29}$$

$$t_p=\frac{2\cos\theta_1\sin\theta_2}{\sin(\theta_1+\theta_2)\cos(\theta_1-\theta_2)} \tag{2.30}$$

上式では　電界振幅の反射，透過特性が求められたが，光の強度に関してはエネルギー反射率 R_p，エネルギー透過率 T_p が用いられる。式（1.38）を用いると，エネルギー透過率には媒質の屈折率の比が関係し，垂直入射の場合，

$T_p = (n_2/n_1)|t_p|^2$ で与えられる。境界面の単位面積を取り，それに入射する光のエネルギーと反射および屈折された光のエネルギーより

$$R_p = |r_p|^2 = \frac{\tan^2(\theta_1 - \theta_2)}{\tan^2(\theta_1 + \theta_2)} \tag{2.31}$$

$$T_p = \frac{n_2 \cos\theta_2}{n_1 \cos\theta_1}|t_p|^2 = \frac{\sin 2\theta_1 \sin 2\theta_2}{\sin^2(\theta_1 + \theta_2)\cos^2(\theta_1 - \theta_2)} \tag{2.32}$$

で与えられる。

つぎに図 2.4(b)に示した s 偏光の場合について述べる。p 偏光と同様にして電界振幅の反射係数 r_s と透過係数 t_s を求めると

$$r_s = \frac{n_1 \cos\theta_1 - n_2 \cos\theta_2}{n_1 \cos\theta_1 + n_2 \cos\theta_2} = -\frac{\sin(\theta_1 - \theta_2)}{\sin(\theta_1 + \theta_2)} \tag{2.33}$$

$$t_s = \frac{2n_1 \cos\theta_1}{n_1 \cos\theta_1 + n_2 \cos\theta_2} = \frac{2\cos\theta_1 \sin\theta_2}{\sin(\theta_1 + \theta_2)} \tag{2.34}$$

エネルギー反射率 R_s，透過率 T_s は

$$R_s = |r_s|^2 = \frac{\sin^2(\theta_1 - \theta_2)}{\sin^2(\theta_1 + \theta_2)} \tag{2.35}$$

$$T_s = \frac{n_2 \cos\theta_2}{n_1 \cos\theta_1}|t_s|^2 = \frac{\sin 2\theta_1 \sin 2\theta_2}{\sin^2(\theta_1 + \theta_2)} \tag{2.36}$$

図 2.5 に空気中に置かれた石英ガラス（屈折率 $n_2 = 1.46$）の場合のエネルギー反射率，透過率を示した。s 偏光においては，図に示されるように角度を

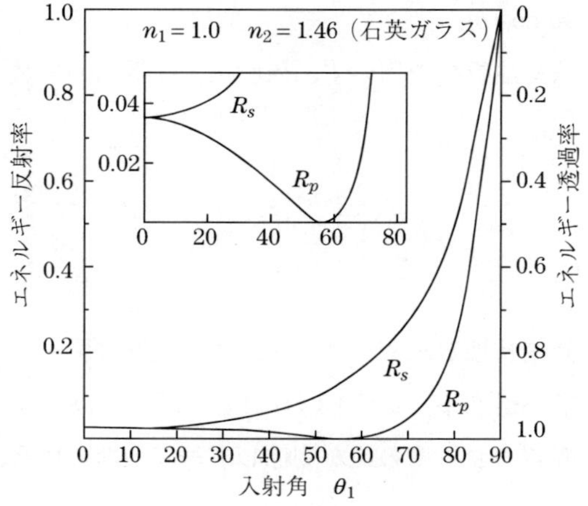

光が空気中から石英ガラスへ進む場合

図 2.5　入射角に対する反射率および透過率の変化

増加させることによりエネルギー反射率は単調に増加して 1 に近づく。角度 0 の垂直入射において，最小の反射率（3.5 %）となる。一方，p 偏光においては反射係数は 55.6° において 0 となる。エネルギー反射率も 0 となり，理論上は 100 %の透過率となる。このときの入射角は式（2.30）より

$$\tan \theta_b = \frac{n_2}{n_1} \tag{2.37}$$

により与えられる。この角 θ_b は**ブルースター角**（Brewster's angle）または**偏光角**（polarizing angle）と呼ばれる。この角度において，反射光がなくなるので，反射損失を少なくする必要がある光学窓などに用いられる。

図 2.6 には，気体レーザ放電管の光路の窓に用いられた例を示す。このレーザ管の窓はブルースター窓と呼ばれる。図の紙面に平行な偏光成分（p 偏光）は窓を透過するときの損失が少ないので，効率よくレーザ発振を起こす。反射係数の値は，ブルースター角の前後で正負が変わる。この角度の前後において，反射光の位相が 180° 変わることを示している（$-1 = \exp(i\pi)$）。すなわち θ_b を境にして反射光の電界方向が反転する。

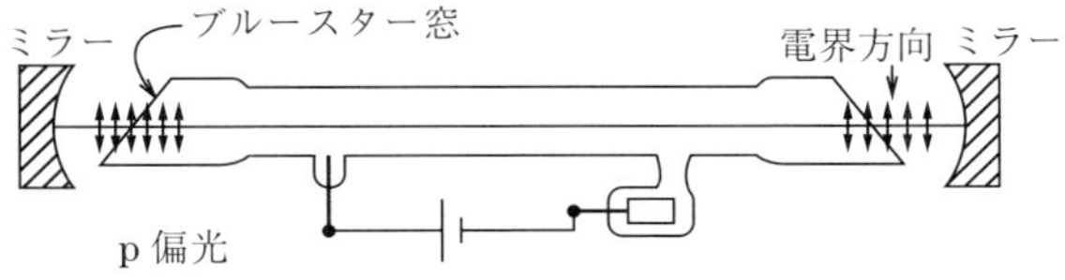

図 2.6　気体レーザ放電管の構造とブルースター窓

2.4 全　反　射

2.3 節では媒質 2 の屈折率 n_2 が n_1 より大きい場合（光が空気から石英ガラスに入射する場合）について調べた。本節では**図 2.7** に示すように n_2 が n_1 より小さい場合について述べる。

ここでは石英ガラス（屈折率 $n_2 = 1.46$）の内部から空気中へ向かう場合を例に取り上げる。入射角 θ_1 を大きくすると，屈折角 θ_2 が 90° に達する状況

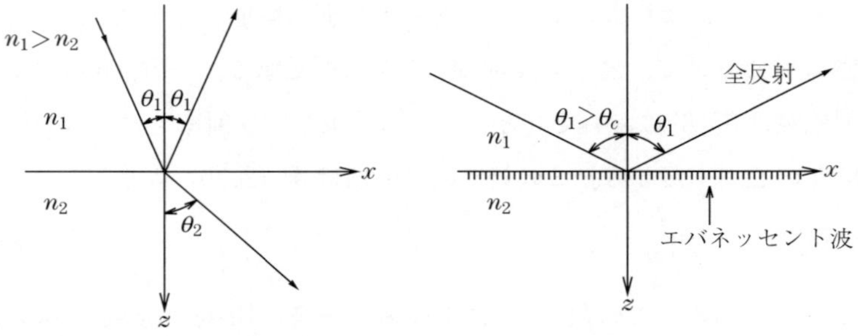

（a） 高屈折率媒質から低屈折率媒質への入射における反射と屈折　　（b） 全 反 射

図 2.7　全反射の発生

が発生する。このときの入射角を θ_c とおく。この入射角 θ_c より大きい領域では屈折光は観測されず，反射光のエネルギー反射率は 100 %になる。このような現象は**全反射**（total reflection）と呼ばれる。θ_c は**臨界角**（critical angle）と呼ばれる。θ_c はフレネルの屈折の式より以下のように与えられる。

$$\sin\theta_c = \frac{n_2}{n_1} \tag{2.38}$$

石英ガラスと空気の境界で全反射が発生する場合に，p，s の両偏光に対して計算したエネルギー反射率の入射角依存性を**図 2.8** に示す。入射角を 0° か

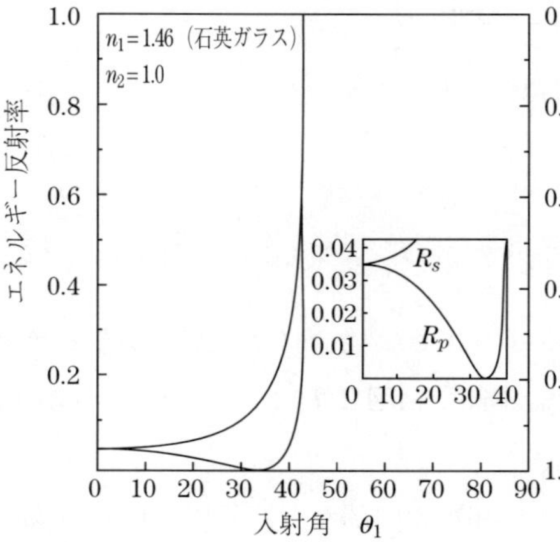

光が石英ガラスから空気中へ進む場合

図 2.8　入射角に対する反射率および透過率の変化

ら増加させると，s 偏光では単調にエネルギー反射率が増加して臨界角（$\theta_c = 0$）において 1 となり，全反射が生じる。p 偏光の場合は入射角を増加させると，ブルースター角における無反射条件が生じ，その後，全反射発生する。

さて臨界角 θ_c より入射角が大きくなったところでは，屈折光がなくなる。しかし，媒質 1 の領域には入射電界と反射電界が存在しており，両者の和の接線成分は境界面で 0 でない値になる。電界の接線方向成分が連続である条件より，媒質 2 の中には境界から離れるに従い，急激に消滅する光が存在すると考えられる。この光は振幅が境界面から離れる z 方向に指数関数的に減少する。電界の振幅が $1/e$ になる距離は

$$\Delta z = \frac{\lambda_2}{2\pi\sqrt{\left(\dfrac{\lambda_2}{\lambda_e}\right)^2 - 1}} \qquad (\lambda_2 = \lambda_0) \tag{2.39}$$

$$\lambda_e = \frac{\lambda_0}{n_1 \sin\theta_1} \tag{2.40}$$

より与えられる。$n_1 = 1.46$，$n_2 = 1.00$ とするとき $\theta_1 = 45°$ の場合，振幅が $1/e$（光の強度が $1/e^2$）となる深さは $0.21\lambda_0$ となる。このように全反射状態においても，媒質 2 の中には減衰のきわめて急激な光が存在する。この光をエバネッセント波という。エバネッセント波は境界面に沿って x 方向に進む。このとき，エバネッセント波の波長は式（2.40）により与えられる。

エバネッセント波は媒質 1 の境界から z 方向に波長程度の距離しみ出している（図 2.7）。この領域に媒質 1 と同じ屈折率の高い媒質を近づけて，媒質 2 の領域を薄くすると，全反射条件が崩れ，近づいた媒質の中へ光が漏れてしまう。このような状態を無効全反射と呼ぶ。

全反射は光の導波路に用いられている。**図 2.9** に導波路中の光の伝搬を模式

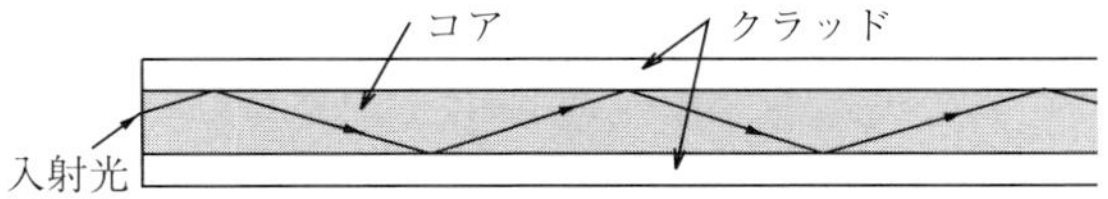

図 2.9　全反射による導波路中の光の伝搬

的に示した。

光導波路はコアとその周りのクラッドからなり，コアの屈折率はクラッドより大きい。

コアからクラッドへ入射しようとする光は，全反射角より大きい入射角のとき，クラッドには入らず全反射される。上下のコアとクラッド層の境界により，反射が繰り返されて，光はコア内部に閉じ込められて伝搬する。

このような全反射を用いた導波路は光通信に用いられている。

2.5　薄膜コーティング

本章では材料の境界面での反射や屈折について説明したが，表面に屈折率の異なる材料をコーティングすることで，反射率や透過率を制御することができる。

例えば，めがねレンズの薄膜コーティングはガラス表面の反射を減らすために用いられている。

最も簡単な場合として，基板表面に一層の薄膜をコーティングして反射率を低減するためには，基板より低い屈折率の薄膜を等価厚さが 1/4 波長となるようにコーティングする。薄膜の表面と薄膜と基板との界面で屈折率の不連続により反射が生じるが，それら二つの反射光は打ち消し合うように干渉する。このため反射光が低減される。

図 2.10(a)に薄膜コーティングの断面図を示した。

一般には薄膜の二つの界面により多重反射が生じるが，界面の反射率が低い場合は，簡単のために多重反射を無視して考えると，二つの反射光の干渉により，反射光量を近似できる。この場合，2.10(b)に示すように薄膜の屈折率を n として，厚さ d が $d = \lambda/4$，$3\lambda/4$，$5\lambda/4$，$\cdots$（λ：薄膜中の波長，λ_0/n）のとき，干渉により反射光量を低減できる。

屈折率の異なる薄膜を層状に積み重ねて，ある波長より低い（あるいは高い）波長で透過する特性を備えたエッジフィルタを実現できる。また，ある特

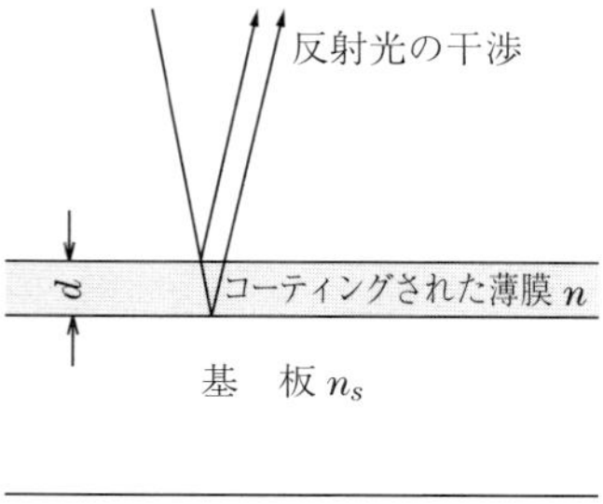

（a）　一層の薄膜コーティング

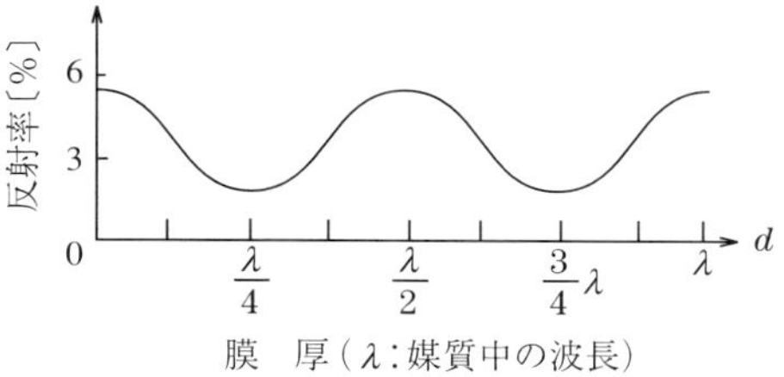

（b）　薄膜の厚さと反射率の関係（概略）

図 2.10　薄膜コーティングによる反射

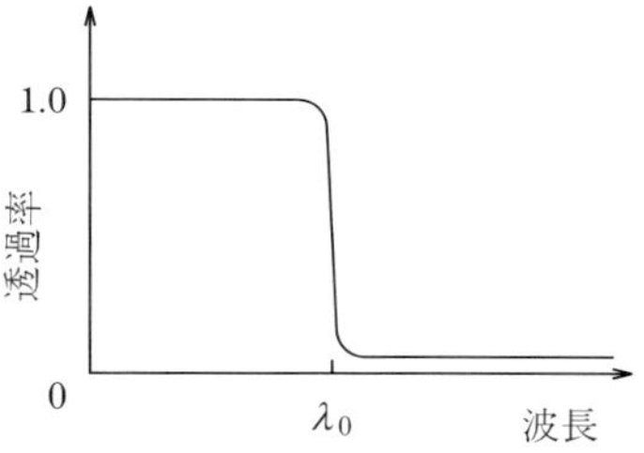

（a）　エッジフィルタ

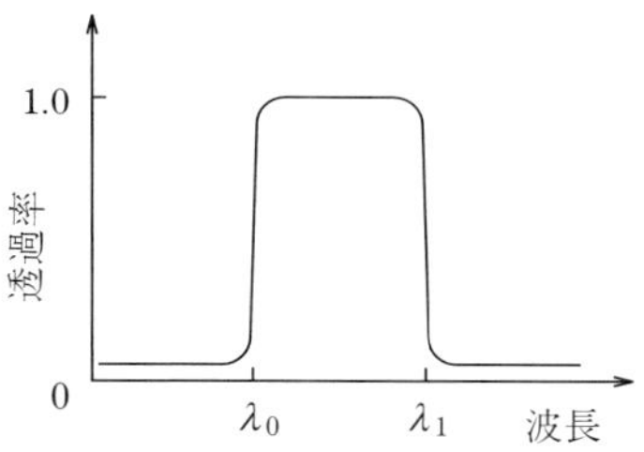

（b）　バンドパスフィルタ

図 2.11　多層膜によるフィルタ

定の波長帯域透過するバンドパスフィルタも多層膜コーティングにより実現できる（**図 2.11**）。

エッジフィルタの応用として液晶プロジェクタがある。液晶プロジェクタの光学構造を**図 2.12** に示す。

光源からの光を三原色（赤，緑，青）に分けて，それぞれの光は液晶を通過して，画素ごとに光量が調節される。その後，重ね合わせてスクリーンに投影される。

光源の光（白色）を三原色に分けるためエッジフィルタが用いられる。この場合エッジフィルタはダイクロイックミラーと呼ばれ，特定（赤，緑，青の境界）の波長以上の光を透過（あるいは反射）し，それ以下の光を反射（透過）する。

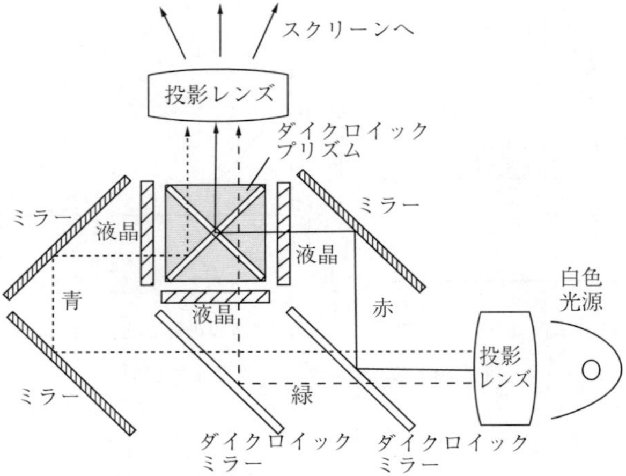

図 2.12　液晶プロジェクタの光学構造

液晶を透過し画像情報で変調された光は，同様のダイクロイックミラーを備えたプリズム（X 型）で再び重ね合わされる。その後スクリーンに投影される。

演　習　問　題

【1】 金属表面（完全導体）に平面波が垂直入射するとき半波長周期の定在波強度分布が生じる。平面波が金属表面に斜め入射（入射角 θ）した場合はどれだけの周期の定在波強度分布が生じるか。

【2】 p 偏光および s 偏光において，エネルギー反射率とエネルギー透過率の和が 1 になることを示せ。

【3】 エバネッセント波が屈折率 n_2 の媒質にもれ出す距離 Δz は，入射角 θ_1（$\theta_c < \theta_1 < \pi/2$）に対してどのように変化するか。

【4】 空気中（$n_1 = 1$）より厚さ d のガラス板（屈折率 n_2）に入射角 θ_1 で入射した光線はガラス板を出て，入射光線と同じ方向に進む。入射光線の光軸と出射光線の光軸はどれだけ離れるか。

【5】 s 偏光の反射係数は下の式で与えられるが，第 2 の等号を証明せよ。

$$r_s = \frac{n_1 \cos\theta_1 - n_2 \cos\theta_2}{n_1 \cos\theta_1 + n_2 \cos\theta_2} = -\frac{\sin(\theta_1 - \theta_2)}{\sin(\theta_1 + \theta_2)}$$

【6】 **図 2.13** のような 2 重のガラス四角柱の端面に入射角 θ で光線を入射させ，全反射により四角柱内部を伝搬させたい。$\sin\theta$ の最大値はどれだけか。内部のガラスの屈折率は 1.5，外部の屈折率を 1.2 とする。

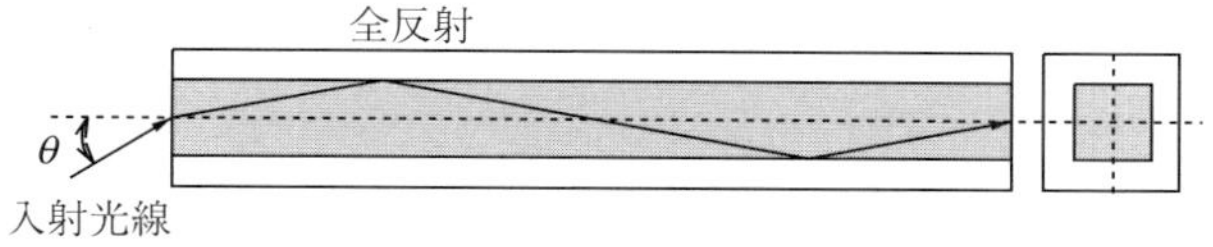

図 2.13

3

光 線 の 光 学

3.1 は じ め に

レンズや鏡などのいくつもの光学部品が含まれる一般の光学系において，マクスウェルの方程式を解いて解析的な解を求めることは困難である。また，もし解が得られても，解が必ずしも利用しやすいわけでもない。これに対して光線を用いた近似は幾何学的で理解しやすい。日常に経験するように一様媒質中では光が直進するので，光の平行な一束を1本の光線として扱うことができる。これは光の波長を0に近づけた極限で得られる光の伝搬の近似である。レンズを用いた結像光学系の設計などにおいて第1近似としてよく用いられる。

以下では，まず一様な媒質でできたレンズなどにおける光線の伝搬について説明する。さらに屈折率が空間的に変化している一般的な場合について用いられる光線の方程式を導出する。

3.2 球面の屈折による結像

一般に一つのレンズは二つの球面により構成されるが，まず，**図3.1**に示した一つの球面の屈折による光線の伝搬について考えてみよう。

点Pに光源を考える。球面の中心を点CとしてPCを結んだ直線を光軸と

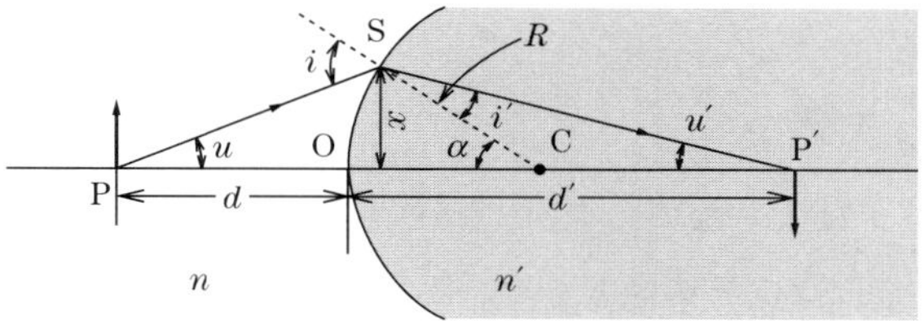

図 3.1　一つの球面における屈折による結像

する。点 P より光軸に対して角度 u で出射した光線が球面に交わる点を S とする。点 S で屈折後，光線は光軸に点 P′で交わる。像空間のパラメータにはプライム記号（′）を付け，物体空間のパラメータにはプライム記号を付けない。慣例に従い座標原点を点 O にとり，点 P′ 方向を光軸の正方向，点 P 方向を負方向とする。ここでは，図 3.1 に示す光路の場合，それぞれの距離と角度を正とする。また球の半径 R と光軸のなす角を α とする。点 O と点 P の間の距離を d とし，OP′ 間の距離は d' とする。

$$i = \alpha + u \tag{3.1}$$

$$i' = \alpha - u' \tag{3.2}$$

光線は光軸に近い場合（近軸近似）を考える。したがって，光線の角度 u，u' は十分小さいため，$\tan(u) \sim \sin(u) \sim u$ のように近似できるものとする。よって

$$u = \frac{x}{d} \tag{3.3}$$

$$u' = \frac{x}{d'} \tag{3.4}$$

屈折の法則は近軸近似において

$$n \cdot i = n' \cdot i' \tag{3.5}$$

式（3.1），（3.2）を式（3.5）に代入して

$$n(\alpha + u) = n'(\alpha - u') \tag{3.6}$$

さらに式（3.3），（3.4）と $\alpha = x/R$ を用いると次式となる。

$$n\left(\frac{1}{R} + \frac{1}{d}\right) = n'\left(\frac{1}{R} - \frac{1}{d'}\right) \tag{3.7}$$

したがって

$$\frac{n'}{d'}+\frac{n}{d}=\frac{n'-n}{R} \tag{3.8}$$

上式（3.8）は x によらないので，光源Pを出た光線のすべては点P′に集まる。したがってP′は点Pの像となる。Pと点P′のこのような関係は共役と呼ばれている。

3.3 薄いレンズによる結像

つぎに薄いレンズによる結像について考える。**図 3.2** に示すように，半径 R_1 と R_2 の二つの球面により形成される薄いレンズを考える。

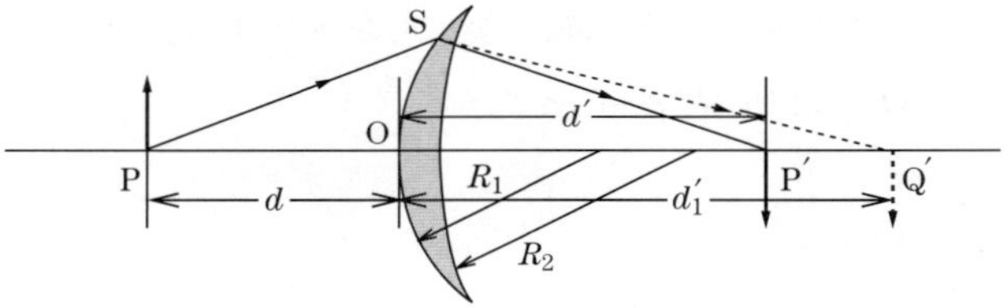

図 3.2 薄いレンズによる結像

半径 R_1 の作る球面により点Pに置かれた物体の像がQ′の位置にできる。さらにQ′の位置の像が半径 R_2 の球面によりP′に再び像を作ると考える。まず半径 R_1 の球面に対する結像については，OQ′の距離を d_1' とすると空気の屈折率を1，レンズの屈折率を n とすると，式（3.8）より

$$\frac{n}{d_1'}+\frac{1}{d}=\frac{n-1}{R_1} \tag{3.9}$$

この場合，半径 R_1 に球面の左側はすべて屈折率 n のガラスであるとした場合に，原点Oより d_1' の距離の位置Q′に像ができることを示している。しかし実際の光線は半径 R_2 の球面の境界により屈折するので，別の点に結像する。この場合，点Q′の像を光源と考えて，半径 R_2 の球面による屈折による結像位置を求める。レンズの厚みは薄いので無視して下記の式を得る。

$$\frac{1}{d'} - \frac{n}{d_1'} = \frac{1-n}{R_2} \tag{3.10}$$

式 (3.9), (3.10) より d_1' の項を消去して

$$\frac{1}{d'} + \frac{1}{d} = (n-1)\left(\frac{1}{R_1} - \frac{1}{R_2}\right) \tag{3.11}$$

上式は近軸光線のレンズの式である。式 (3.11) の右辺をレンズの焦点距離 f' の逆数に対応させることができる。したがって，レンズの式 (3.11) は

$$\frac{1}{d'} + \frac{1}{d} = \frac{1}{f'} \tag{3.12}$$

$$f' = \frac{1}{(n-1)\left(\frac{1}{R_1} - \frac{1}{R_2}\right)} \tag{3.13}$$

上式において $d = \infty$ とすると $d' = f'$ となり光軸に平行に入射した光線は，f' の距離すなわち焦点（後側焦点）に集束することを示している（**図 3.3** (a)）。また $d' = \infty$ とすると $d = f'$ となる。このとき物体が前側焦点（レンズの後側焦点と対称の位置）に置かれていることに対応する。この点から出た光はレンズを透過後光軸に平行に進む。光線を逆方向に進ませた場合，この点も光線が集束する点となる。同様に，後側焦点を出た光はレンズを通った後，平行ビームとなる。図 3.3 にそれらの光線の光路を示した。

また**図 3.4** にはレンズの式 (3.12) を用いて得られる凸レンズと凹レンズの結像例を示す。点線は虚像を示す。凸レンズにおいて d' の値が負になる場合

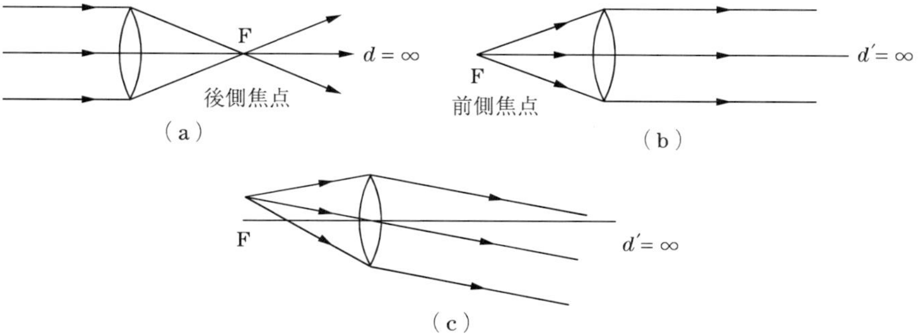

図 3.3 焦点と平行光束

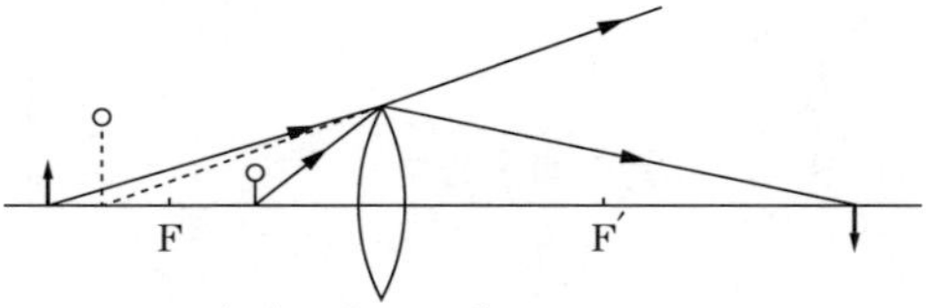

（a） 凸レンズ

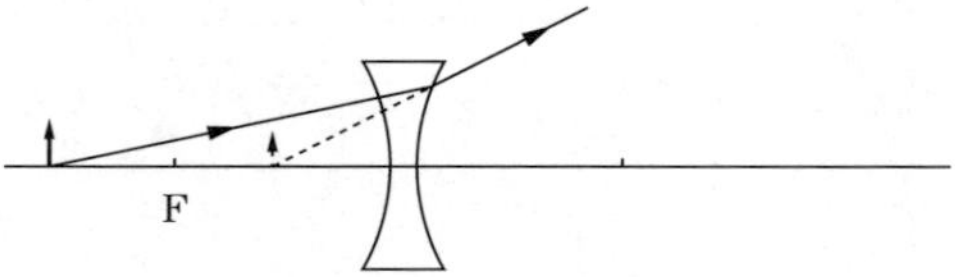

（b） 凹レンズ

図 3.4　凸レンズと凹レンズの結像

は虚像となる。凹レンズの場合は焦点距離として負の値を用いて計算する。

3.4 厚いレンズによる結像

3.3 節ではレンズの厚みを無視して近軸光線を取り扱った。しかし，レンズの厚みが無視できない場合も多い。本節ではレンズの厚さを考慮した近軸光線近似による結像の方程式について述べる。

図 3.5(a)に示すような厚いレンズの光軸に平行に入射した光線を考える。

光線は左側の球面により屈折し，レンズの内部を直進して右側の球面で屈折して外へ出る。その後光軸と点 F′で交わる。点 F′は後側焦点である。光線は

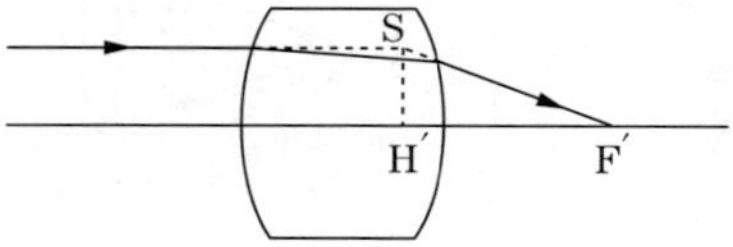

（a）

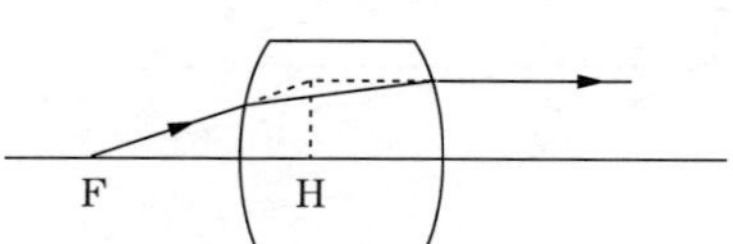

（b）

図 3.5　厚いレンズによる光線の屈折

レンズにより2回屈折して方向を変えるが，入射光線と屈折光線にのみ注目するとそれらの交点Sで屈折したように折れ曲がる。光軸に平行な入射光線の高さを変えて点Sをつないでいくと一つの平面が形成されるが，この平面を後側主平面と呼ぶ。

一方，像が無限遠にできる場合，すなわち図3.5(b)に示すように出射光線が光軸に平行になるとき，光源の位置は前焦点の位置になるが，入射光線と出射光線が交わる点より図3.5(a)と同様に一つの平面を形成する。この面は前側主平面と呼ばれる。これらの主平面と光軸の交わる点は主点（H′，H）と呼ばれる。HとH′は一般には一致しない。レンズを何枚も組み合わせたレンズ系においても，同様な考え方により二つの焦点と二つの主点を知ることができる。主点の位置は場合によっては組み合わせたレンズ群の外側になる場合もある。焦点と主点の四つの点を利用して光線の光路を図示できる。

厚いレンズの光線の経路の求め方を**図3.6**により説明する。

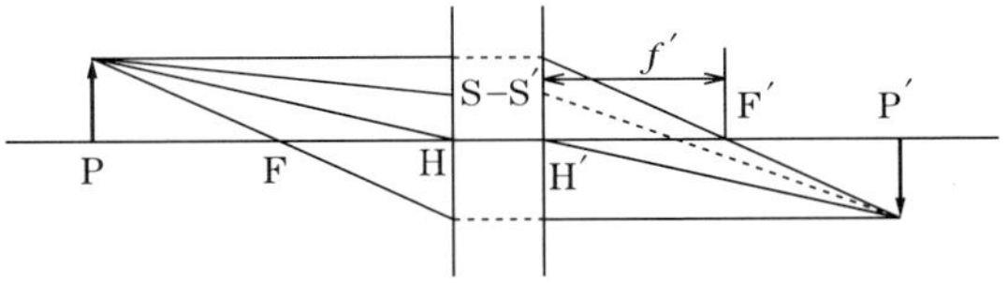

図3.6　厚いレンズの光線の経路の求め方

物体（位置P）を出た光線は前側主平面（主点Hとする）と交わるが，主平面は横倍率が同じになる共役関係になる面であるので，前側主平面との交点Sを光軸に平行に後側主平面まで移動させる。その後，光線は結像点に向かって進む。レンズの像側焦点距離 f' は $H'F'$ の距離で与えられる。前側焦点距離も同様にして，HFの長さで与えられる。厚さ L，屈折率 n の単一凸レンズの焦点距離 f' を求めると

$$\frac{1}{f'} = (n-1)\left(\frac{1}{R_1} - \frac{1}{R_2}\right) + \frac{L(n-1)^2}{nR_1R_2} \tag{3.14}$$

で与えられる。レンズの厚さ L により，焦点距離が薄いレンズの場合より短くなる。薄いレンズの場合は $L \to 0$ により式（3.13）に一致する。

3.5 像形成のための光線と倍率

点光源より出てレンズに入射したすべての光線は像点に集束するが，像や倍率を求めるには便利な光線を選ぶ必要がある。**図 3.7** に示すような三つの光線がよく用いられる。

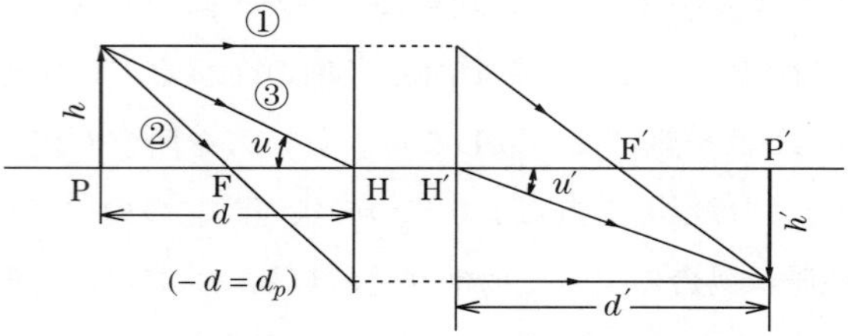

図 3.7　像形成のために用いられる光線

まず，位置 P に置かれた物体から出た光軸に平行な光線を考える。① 光軸に平行な光線は前側主平面に入射し，前側主平面との交点を後側主平面上に移動し，その点より後側焦点 F′ を通る。つぎに，② 物体より出た光線で前側焦点 F を通った光線は前側主平面で交わる。その交点を後側主平面に移動し，その位置より光軸に平行に光線を進ませる。また，③ 物体より出た光線で前側主点を通る光線は入射角が u であるとき出射光は後側主点 H′より $u' = u$ の角度で像点に向う。この光線はレンズの前後で方向を変えずに進む。もし，レンズの前側と後側で屈折率が異なり，それぞれ n，n' であるときは

$$nu = n'u' \tag{3.15}$$

の条件を満たす角度で後側主点より出射し，像点に向う。

上に述べた代表的な三つの光線のうち二つを用いて，その交点より実像の位置を求めることができる。光線の進行方向に交点がない場合，逆方向に光線を伸ばして交点が生じる。このとき実像ではなく虚像が発生することとなる。

像点を求めることで結像系の倍率を求めることができる。物体の高さ h，像の高さ h' とすると倍率 M は $M = h'/h$ で与えられる。幾何学的考察より

$$M = \frac{h'}{h} = \frac{d'}{d} \qquad (3.16)$$

が得られる。それぞれの主点から物体と像の位置までの距離の比となる。また縦方向の倍率も定義することができる。すなわち光軸上で点光源が小さい距離 $\varDelta d$ だけ移動するとき像点の移動距離 $\varDelta d'$ との比をとり，$m = \varDelta d'/\varDelta d$ により求める。レンズの式（3.12）の微分をとることで

$$m = \frac{\varDelta d'}{\varDelta d} = -\left(\frac{d'}{d}\right)^2 = -M^2 \qquad (3.17)$$

となる。

3.6 球面反射鏡による結像

レンズを用いる光学系では，一般に屈折率が波長により異なる（波長分散がある）ため，波長の異なる光線の結像位置はずれる。反射鏡を用いる光学系は波長の違いにより光線の反射方向が変わらないため，波長が異なる場合でも同じ位置に像を得ることができる。このため，反射鏡を用いる光学系は波長分散がなく，よいレンズの材料が少ない紫外光用の光学系などにおいて有効である。またレーザ共振器などの反射光学系にも用いられている。

反射の法則は入射角 i と反射角 i' の間に正負の符号を含めて $i = -i'$ なる関係が成立する。この関係は屈折の法則において $\sin(i') = -\sin(i)$ なる関係が成立しているのと同様である。したがって球面における屈折の式（3.8）において $n' = -1$，$n = 1$ とおいて

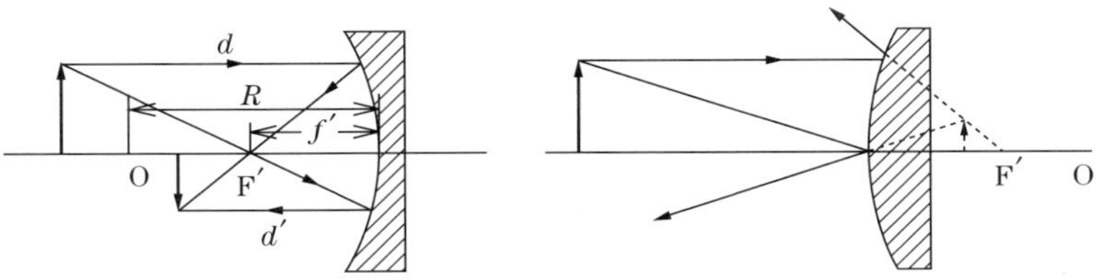

（a）凹 面 鏡　　（b）凸 面 鏡

図 3.8 凹面鏡と凸面鏡による結像

$$\frac{1}{d'} - \frac{1}{d} = \frac{2}{R} \tag{3.18}$$

を得る。**図 3.8** には凹面鏡および凸面鏡における結像の例を示した。

3.7 光線伝搬のマトリックス表示

いくつかのレンズが同じ光軸上に並べられているとき，光学系に入射した光線の光路を求める方法としては，物体からの光線をレンズの結像の式に代入して像を求め，その像を光源としてつぎの像を求めるというように繰り返し伝搬させる。しかし像を求める必要がなく，光線がどのように進むかを知るだけでよい場合には，簡単なマトリックス表示が用いられる。

3.6 節で述べたレンズの式と同様に近軸光線を考える。したがって，光軸に対する光線の角度 θ とすると $\sin\theta \simeq \theta$，$\tan\theta \simeq \theta$ と近似できる。**図 3.9** に示した単一の薄いレンズに入射する光線を考え，光線は光軸と同じ平面にあるとする。光線がレンズに入射する位置を光軸より測定し距離 r_i で表す。またその点での光線の傾きを r_i' $(= dr_i/dz)$ で表す。したがって入射光線を一つの列ベクトルで表せる。

$$\begin{pmatrix} r_i \\ r_i' \end{pmatrix} \tag{3.19}$$

レンズを通過後の光線も，入射光線と同様にして光軸からの位置 r_o とその点での光線の傾き r_o' $(= dr_o/dz)$ を用いて表す。

$$\begin{pmatrix} r_o \\ r_o' \end{pmatrix} \tag{3.20}$$

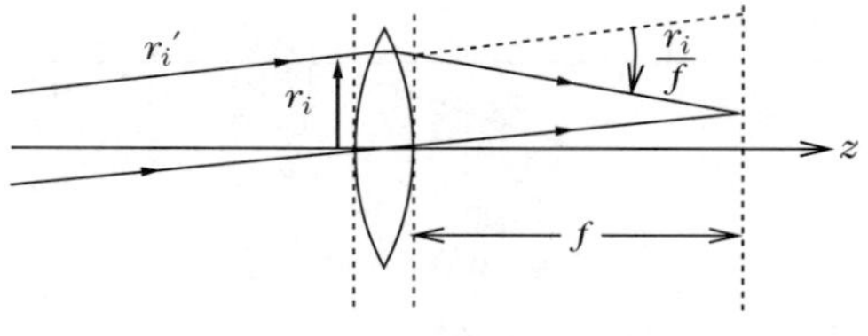

図 3.9　薄いレンズに入射する光線とその出射

図 3.9 において，入射光線に平行でレンズ中心で光軸と交わる光線を考える。この光線はレンズ通過後に方向を変えずに進む。後側焦点を通る光軸に垂直な面において，これら二つの入射光線は交差する。レンズの屈折により入射光線が偏向される角度 θ は $\tan\theta = r_i/f$ となる。したがって，入射光線と出射光線の関係はつぎの式で表される。

$$\begin{cases} r_o = r_i \\ r_o' = r_i' - \dfrac{r_i}{f} \end{cases} \tag{3.21}$$

上式を行列で表すと

$$\begin{pmatrix} r_o \\ r_o' \end{pmatrix} = \begin{pmatrix} 1 & 0 \\ -\dfrac{1}{f} & 1 \end{pmatrix} \begin{pmatrix} r_i \\ r_i' \end{pmatrix} \tag{3.22}$$

で与えられる。したがって凸レンズを光線が伝搬するとき，レンズの働きはつぎの行列で表される。

$$\begin{pmatrix} 1 & 0 \\ -\dfrac{1}{f} & 1 \end{pmatrix} \tag{3.23}$$

同様の考え方により，**図 3.10**(a)に示すように，光線が距離 d 離れた光軸に垂直な二つの面 z_1 と z_2 を横切って空間を伝搬する場合に対する行列は

$$\begin{pmatrix} 1 & d \\ 0 & 1 \end{pmatrix} \tag{3.24}$$

で与えられる。このとき入射面は z_1 面であり，出射面は z_0 面である。

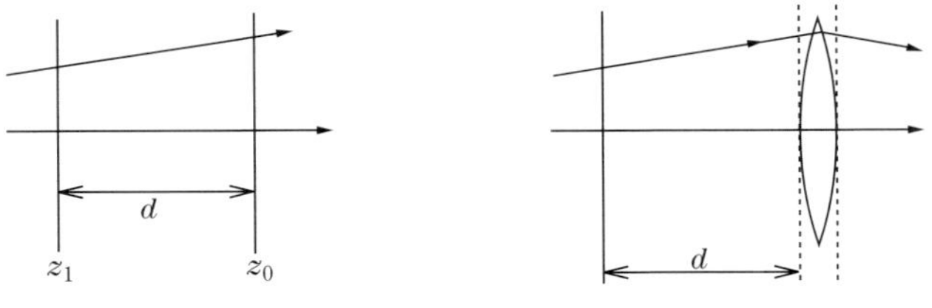

(a) 自由空間　(b) 自由空間とレンズの組合せ

図 3.10 自由空間とレンズにおける光線の伝搬

つぎに図3.10(b)に示すように光線が自由な空間を距離 d だけ進みレンズに入射し，屈折により方向が変えられる場合について考えてみよう。光線の伝搬を表す行列は式（3.23）と（3.24）の積により与えられる。

$$\begin{pmatrix} 1 & 0 \\ -\dfrac{1}{f} & 1 \end{pmatrix}\begin{pmatrix} 1 & d \\ 0 & 1 \end{pmatrix} = \begin{pmatrix} 1 & d \\ -\dfrac{1}{f} & 1-\dfrac{d}{f} \end{pmatrix} \tag{3.25}$$

他の光学系に対するマトリックス表示を**図 3.11** に示す。n_1，n_2 はそれぞれ媒質 1，2 の領域における屈折率である。

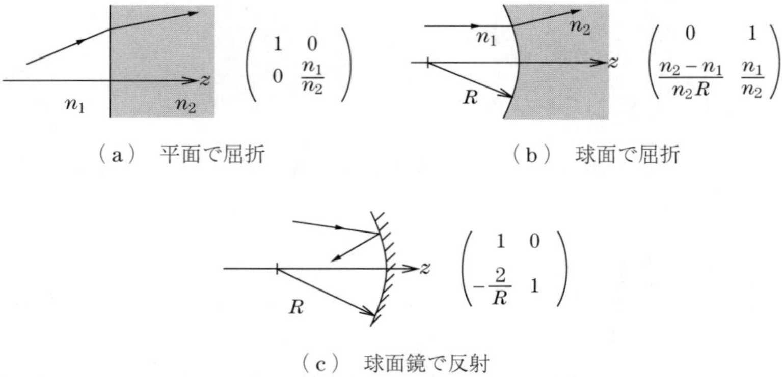

図 3.11　いくつかの光学系におけるマトリックス表示

3.8　光線の微分方程式

光線の光学を扱う幾何光学においては，光波の波長が無限に小さくなった極限状態を考えて光の伝搬を取り扱う。本節ではマクスウェルの方程式を近似して一般的な光線の方程式を導出する。3.7 節では近軸光線によるレンズやミラーの結像と光線の伝搬について考えた。この場合，空間やレンズの屈折率は一様であるとした。本節では，屈折率 n が空間の位置 r により変化する一般的な媒質中の光線の伝搬について考える。

まず屈折率 n が一様な媒質においては，マクスウェルの方程式における平

面波の解は電界 E と磁界 H に対して

$$\boldsymbol{E} = \boldsymbol{e}_E E_0 \exp i(\boldsymbol{k}\cdot\boldsymbol{r} - \omega t) \tag{3.26}$$

$$\boldsymbol{H} = \boldsymbol{e}_H H_0 \exp i(\boldsymbol{k}\cdot\boldsymbol{r} - \omega t) \tag{3.27}$$

で与えられる。ここで $\boldsymbol{e}_E$，$\boldsymbol{e}_H$ は電界および磁界の振動方向の単位ベクトルである。$\boldsymbol{k}$ は波動ベクトルで

$$\boldsymbol{k} = \frac{2\pi}{\lambda_0} n\boldsymbol{s} \tag{3.28}$$

で与えられ，λ_0 は真空中の波長，n は媒質の屈折率，$\boldsymbol{s}$ は波の進行方向にとった単位ベクトルで光線ベクトルという。式（3.26），（3.27）において時間項 exp（$i\omega t$）を取り除くと，電磁界は

$$\boldsymbol{E}_n = \boldsymbol{e}_E E_0 \exp\left[i\frac{2\pi}{\lambda_0} n(\boldsymbol{s}\cdot\boldsymbol{r})\right] \tag{3.29}$$

$$\boldsymbol{H}_n = \boldsymbol{e}_H H_0 \exp\left[i\frac{2\pi}{\lambda_0} n(\boldsymbol{s}\cdot\boldsymbol{r})\right] \tag{3.30}$$

で与えられる。$\boldsymbol{s}\cdot\boldsymbol{r}$ 内積部分は平面波が空間でどのように伝搬するかを決めている。そこで，屈折率が空間的に不均質な場合も同様な表現で電磁界を表せるとし，以下の式を考える。

$$\boldsymbol{E}_n = \boldsymbol{e}_E E_0(\boldsymbol{r}) \exp\left[i\frac{2\pi}{\lambda_0} D(\boldsymbol{r})\right] \tag{3.31}$$

$$\boldsymbol{H}_n = \boldsymbol{e}_H H_0(\boldsymbol{r}) \exp\left[i\frac{2\pi}{\lambda_0} D(\boldsymbol{r})\right] \tag{3.32}$$

ここで $D(\boldsymbol{r})$ は電界と磁界の伝搬の仕方を決める関数で，アイコナールと呼ばれている。アイコナール $D(\boldsymbol{r})$ が満足すべき条件はマクスウェルの方程式である。透明で等方的であるが，屈折率が空間の場所により異なる不均質な媒質中におけるマクスウェルの方程式は以下で与えられる。

$$\nabla \times \boldsymbol{E}_n - i\omega\mu\boldsymbol{H}_n = 0 \tag{3.33}$$

$$\nabla \times \boldsymbol{H}_n + i\omega\varepsilon(\boldsymbol{r})\boldsymbol{E}_n = 0 \tag{3.34}$$

媒質は等方的であるが空間的に屈折率が変化していると考えているので，誘電率 ε は空間の位置 $\boldsymbol{r}$ の関数 $\varepsilon(\boldsymbol{r})$ として表されている。透磁率 μ は，一般に

光学材料では真空の透磁率と同じと考えてよいので定数である。式 (3.31), (3.32) を式 (3.33), (3.34) に代入する。さらに光線の近似として波長 λ が 0 の極限を考えると次式が得られる。

$$\boldsymbol{e}_E E_0 = \frac{H_0}{c\varepsilon(\boldsymbol{r})} \nabla D(\boldsymbol{r}) \times \boldsymbol{e}_H \tag{3.35}$$

$$\boldsymbol{e}_H H_0 = -\frac{E_0}{c\mu} \nabla D(\boldsymbol{r}) \times \boldsymbol{e}_E \tag{3.36}$$

式 (3.35) と (3.36) の両辺の外積をとり

$$c^2\varepsilon(\boldsymbol{r})\mu = [n(\boldsymbol{r})]^2 = |\nabla D(\boldsymbol{r})|^2 \tag{3.37}$$

上式の微分演算子を x, y, z 座標により表現して

$$n^2(\boldsymbol{r}) = \left(\frac{\partial D(\boldsymbol{r})}{\partial x}\right)^2 + \left(\frac{\partial D(\boldsymbol{r})}{\partial y}\right)^2 + \left(\frac{\partial D(\boldsymbol{r})}{\partial z}\right)^2 = |\nabla D(\boldsymbol{r})|^2 \tag{3.38}$$

式 (3.38) は光の伝搬を記述するアイコナール $D(\boldsymbol{r})$ と屈折率 $n(\boldsymbol{r})$ の関係を与えるもので，アイコナール方程式を呼ばれる。式 (3.38) よりアイコナールの勾配の大きさがその場所の屈折率に等しいことがわかる。アイコナールは光波の位相部分を表現しているので $D(r)$ が一定の面は位相が一定の面，すなわち等位相面を表現する (**図 3.12**)。光線は波面に垂直な方向に進むので，波面に垂直な法線をつなげて光線の伝搬を表せる。光線上の距離を s で表し，光線の進む方向の単位ベクトルを $\boldsymbol{s}$ で表すと $\boldsymbol{s} = d\boldsymbol{r}/ds$ であるので，式 (3.38) を用いて次式が得られる。

$$\nabla D(\boldsymbol{r}) = |\nabla D(\boldsymbol{r})|\,\boldsymbol{s} = n(\boldsymbol{r})\boldsymbol{s} = n(\boldsymbol{r})\frac{d\boldsymbol{r}}{ds} \tag{3.39}$$

上式の最左辺と最右辺の等式を光線上の距離 s で微分して次式を得る。

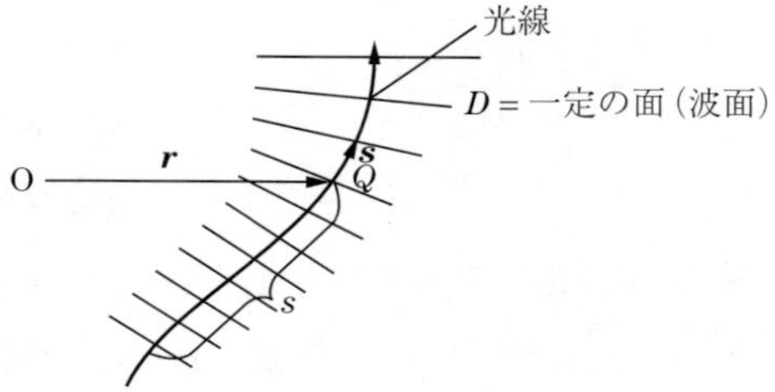

図 3.12　屈折率が空間で不均一な場合の光線と波面

$$\frac{d}{ds}\left(n(\boldsymbol{r})\,\frac{d\boldsymbol{r}}{ds}\right) = \mathrm{grad}\,[\,n(\boldsymbol{r})] \tag{3.40}$$

導出において，式（3.39）の最左辺の微分において微分の順序を入れ替え，アイコナールと屈折率の関係（アイコナールの勾配の大きさが屈折率に等しい）を利用した。式（3.40）は光線の方程式と呼ばれ，屈折率が空間的に変化する一般的な光学系において，光線の伝搬を決定する。媒質の屈折率分布を与えて，方程式を解くことで光線の軌跡を得る。屈折率分布レンズ，光ファイバなどの，屈折率が空間的に分布した光学部品の光線の伝わり方を計算するために利用される。

3.9　組合せレンズと非球面レンズ

理想的なレンズ（レンズ系）では，物体の一点から発せられた光はレンズのどの部分を通っても一点に集光するが，実際のレンズ（球面レンズ）では理想からのずれのため，レンズの異なる領域を通過した光線は，わずかに異なる位置に集光する。このずれを収差と呼ぶ。球面レンズの収差を補正するために，凹と凸のいくつかの球面レンズを組み合わせる。

カメラのレンズは収差を補正するために，いく枚かの球面レンズを組み合わせたレンズ系が用いられる。また，近年は加工精度の向上により，レンズの表面形状が球面でない（非球面）レンズが製作されるようになった。非球面レンズは，収差の補正に用いられるが，収差補正以外に特別な光学系においても用いられる。以下においては，まず，特別な光学レンズである $f\theta$ レンズ（エフシータレンズ）について説明し，つぎに収差と収差を補正した非球面レンズについて述べる。

$f\theta$ レンズはレーザプリンタのビーム走査光学系に用いられる。**図 3.13** に組合せレンズによる $f\theta$ 光学系を示す。

レンズ系の焦点近傍には，回転ミラーが設置され，レーザ光の反射角度 θ を変える。レーザ光はプリンタの感光面に集光されるが，集光位置（光軸から

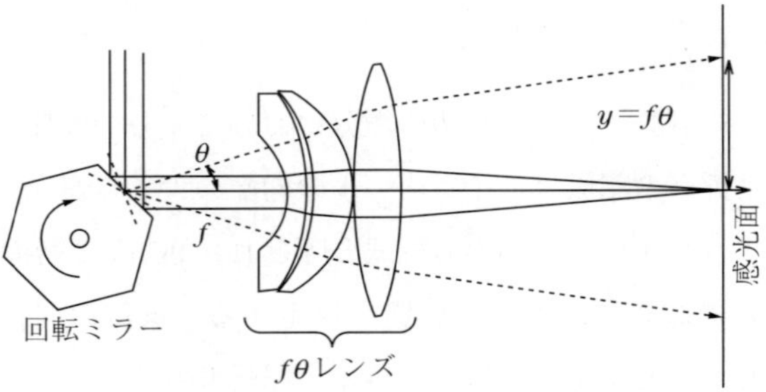

図 3.13　レーザプリンタに用いられる $f\theta$ 光学系

像点までの距離：像高 y）とレーザ光の角度の関係は $y = f\tan\theta$ で与えられる。したがって，像高 y は θ に比例せず，ミラーが一定回転角速度であっても，像面の集光点（スポット）の走査速度は一定でなくなる。

速度の変化はプリンタの感光量に影響を及ぼすので，レーザプリンタの光学系では，像高 y が角度 θ に比例する $y = f\theta$ の光学特性をもったレンズが必要となる。このようなレンズを $f\theta$ レンズと呼ぶ。$f\theta$ レンズは図 3.13 に示すような組合せレンズで構成できる。

また非球面加工した金型を用いて成型した 1 枚の非球面レンズも用いられる。$y = \tan\theta$ の値は $y = f\theta$ より大きな値を取るので，非球面の形状は，θ が大きくなって光軸から離れても像高が高くならず，わずかに大きく屈折するような形状であることが必要である。非球面の $f\theta$ レンズの表面形状は，周辺部において理想レンズより少し厚い形状となる。

つぎにレンズの収差について述べる。レンズの収差（単色収差）は五つに分類される。

球面収差：レンズの口径の違いにより焦点位置が異なるために生じる収差。光線がレンズの中心を通るか周囲を通るかにより，焦点の位置が異なる。

歪（わい）曲収差：像の形がひずみ，物体と相似形にならないために生じる収差。正方形の図形を写すと，ビア樽のように中央が広がった形になる場合や，糸巻きのように中央が狭くなる形に変形する。

コマ収差：球面収差が補正されて，光軸上で一点に集光する場合でも，光軸に斜めに通過した光線が集光するとき焦点スポットの形が彗星の尾のような形になる現象を表す収差。

湾曲収差：平面上にある物体の像が，平面上に像として結像しないために生じる収差。一般には結像面は光軸上で遠く，光軸から離れるにしたがい近くなるので，平面ではなくレンズ側から見て凹面となる。

非点収差：光軸を中心とする同心円の像と光軸を通る放射線の像の結像位置が異なることにより生じる収差。レンズの像で縦線と横線のピントの位置が異なることが像の端のほうで観測される。

以上のほかに，光源の波長（色）が異なるために焦点位置が異なる収差として色収差がある。これらの収差のすべてを完全に補正することは難しいが，目的の画像に合わせて問題となる収差を低減するように光学系を設計する。収差の補正は，計算機を用いたシミュレーションと経験に基づいた試行錯誤の組合せによって行う。

収差を補正した光学系を実現するには，一般に球面レンズの組合せを用い

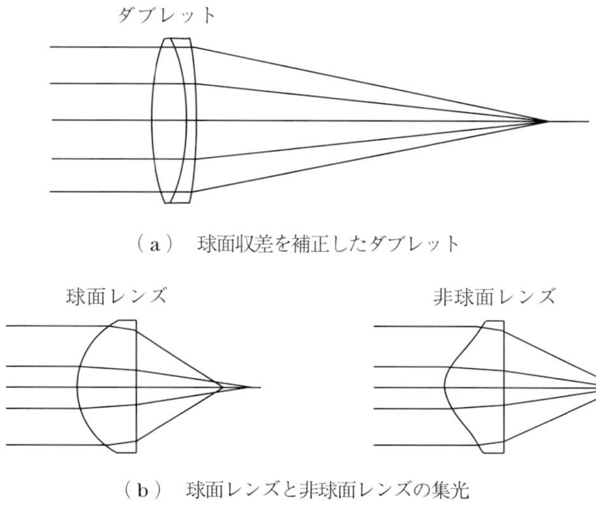

図 3.14　球面収差の補正

る。例えば球面収差を減らすには，**図 3.14**(a)に示すように凸レンズと凹レンズを組み合わせて凸レンズの働きを得る。凹レンズの球面収差は凸レンズと逆であるので，このような組合せにより球面収差を低減できる。凸レンズと凹レンズを張り合わせて製作したレンズをダブレットと呼び，単レンズ（一つの凸レンズ）より収差を一桁小さくできる。

球面収差を低減するもう一つの方法は，レンズの表面形状を球面でない形状，いわゆる非球面にする方法である。図 3.14(b)に示すように，球面レンズの場合，周囲に近いレンズを通った光線の焦点は，光軸近くを通った光線の焦点より短い。非球面レンズでは，周囲に近くなるに従い，曲率半径が大きくなるような表面形状に加工することで球面収差を補正する。精密に加工することで球面収差を 0 にできる。

演 習 問 題

【1】 屈折率 n_0 の薄いレンズの右側と左側をそれぞれ n' と n の媒質で満たした光学系におけるレンズの結像の方程式を求めよ。

【2】 一方の面が平面で，他方の面が曲率半径 R の球面である薄い凸レンズの結像の式を示せ。

【3】 薄い凸レンズの前側で距離 d_1 の面に入射した光線がレンズを通り，レンズの後側の距離 d_2 の面に到達する場合の光線のマトリックスを示せ。また，$d_1 = d_2 = 2f$ の場合，これらの位置は結像の関係にあることを示せ。また像の倍率はどれだけか。

4 光　の　回　折

4.1　回折現象とその表現

光の進路が障害物により遮られたとき，その影になる部分にも光波が回り込む現象は回折現象として知られている。光が波として伝搬するために生じる現象である。可視光の波長は数百 nm（ナノメータ）と短いので，可視光で回折の現象が顕著に観察されるのは，構造物の大きさが波長程度から数百 μm（ミクロン）の大きさの物体を通り抜けた背後である場合が多い。

回折現象は，厳密にはマクスウェルの方程式を境界条件を用いて解いて求められる。この場合，光波を電磁界のベクトルとして取り扱うが，解析が複雑になる。多くの回折現象は光波を電磁界ベクトルとして取り扱わなくとも，ベクトルの一成分のスカラーで代表した光波で解析に十分な場合が多いので，ここでは，歴史的な解明の過程に従い，スカラー波を用いて説明する。

回折の効果は，**ホイヘンス**（Huygens）の考えた二次波面を考えて説明できる。**図 4.1** に二次波による回折効果の説明図を示す。

波が伝搬するとき一次波面上の各点より二次の球面波が放射される。それらが重ね合わさって（干渉して）新たな波面を形成する。これを繰り返すことで波面が形成され続けて，光が伝搬すると考えた。波の進行方向に開口（穴）のある衝立が置かれているときは開口のところに到達した一次波が二次波を発生

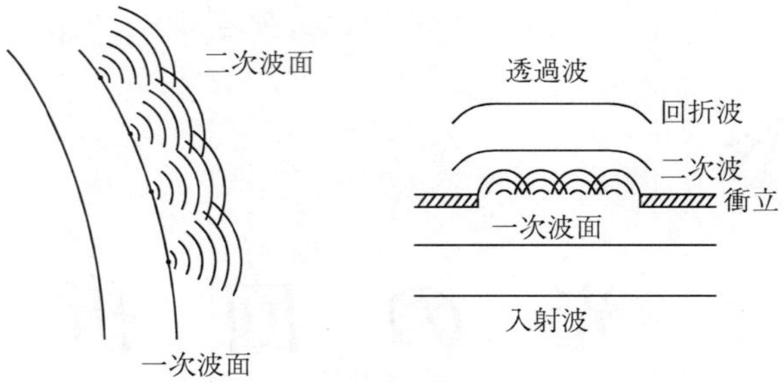

図 4.1　ホイヘンスの二次波による回折効果の説明図

するが，衝立があるので衝立の端の部分で波は横方向にも広がって伝搬する。このように光の進行方向に対して衝立の影の部分にも光は伝搬するので，回折効果が説明できる。

単色光（周波数 ν）を考えて，**図 4.2** のように一次波面上の点 Q を中心とした微小面積 ΔS を考え，一次波面の法線方向に対して θ 方向へ放射される割合を $R(\theta)$，一次波に対する二次波の発生割合を C として，また球面波と同様に観測点 P までの距離 r に反比例して二次波の振幅が減少し，波の位相は距離 r を波長 λ で割った値だけ遅れると考えて，**フレネル**（Fresnel）は微小面積 ΔS から発生する二次波の微小成分 Δu がつぎの式で与えられると考えた。

$$\Delta u = \frac{CR(\theta)\exp\left[-2\pi i\left(\nu t - \frac{r}{\lambda}\right)\right]\Delta S}{r} \tag{4.1}$$

一次波面上の各点からの二次波を足し合わせて（すなわち干渉して）点 P で

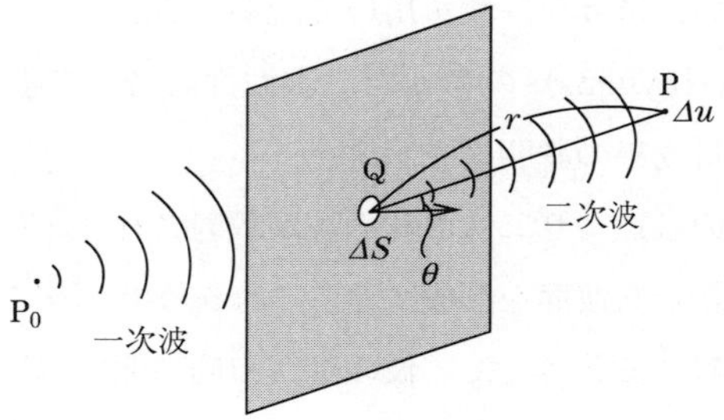

図 4.2　フレネルの回折式を求めるときの光学系

の合成波の波の振幅 u を以下の積分式（フレネルの式）により求めた。

$$u = C\iint R(\theta)\frac{\exp\left[-2\pi i\left(\nu t - \dfrac{r}{\lambda}\right)\right]}{r}dS \tag{4.2}$$

フレネルの式では放射の角度依存性 $R(\theta)$ は不明のまま残されていた。仮定として $\theta = 0$ で R は最大，$\theta = \pi/2$ で $R = 0$ と考えた。

これに対して**キルヒホッフ**（Kirchhoff）はスカラー場での波動方程式

$$\nabla^2 u + k^2 u = 0 \tag{4.3}$$

に，グリーンの定理を適用して境界条件（キルヒホッフの境界条件）のもとに回折式を得た。ここで $k = 2\pi/\lambda$ である。**図 4.3** に示すように光源が点 P_0 に置かれ，観測点 P との間に開口のある衝立を置いた場合，図に示す変数を用いると点 P の光波はつぎの回折式で与えられる。

$$U(P) = \frac{iD}{2\lambda}\iint_A \frac{\exp\left[ik(r + r')\right]}{rr'}(\cos\theta + \cos\theta')dS \tag{4.4}$$

ここで θ，θ' は開口部の面の法線となす角である。また D は入射波 $(D/r)\exp(i\omega t - ikr)$ の振幅を表す定数である。

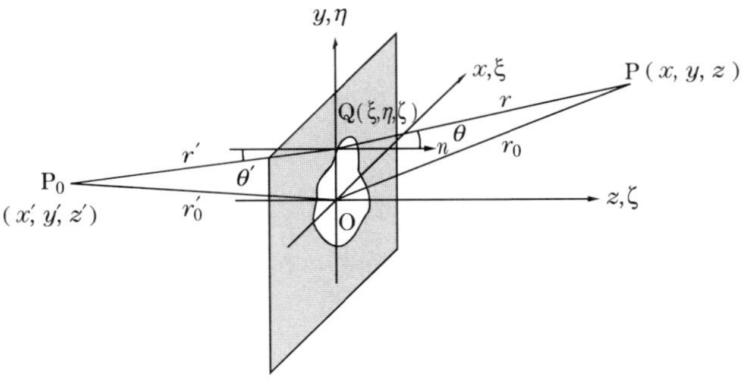

図 4.3 フレネル・キルヒホッフの回折式を求めるときの光学系

式（4.4）はフレネル・キルヒホッフの回折式と呼ばれる。この回折式は点光源が点 P_0 に存在する場合の回折式であり，積分範囲 A は衝立の面における開口部に対応する範囲である。光源から開口面までの距離を r' としてその位相遅れの角度を $-kr'$ として点 P_0 から出た球面波は定数分を除いて $(1/r')$

exp(− ikr') で表される（時間項 exp($i\omega t$) は共通なので除かれている）。同様に開口から出た二次波の影響は $(1/r)\exp(-\,ikr)$ で与えられる。

したがって式（4.4）では開口に到達した一次波から二次波が放射され，その影響を観測点で足し合わせた表現となっている。式の中の cos の項は光源と開口および観測点と開口の相対的な位置関係による二次波面の放射効率を表している。直線 P_0Q が開口に垂直である場合 $\cos\theta' = 1$ となり，この点から放射される二次波の角度依存性は $1 + \cos\theta$ となる。フレネルの回折式で考えられた放射効率の角度依存性 $R(\theta)$ は余弦関数で与えられることとなる。

さて一般に入射光の方向は衝立に垂直に近く，回折角も小さいので式（4.4）における cos の項は 1 に近似される。また点 P_0 に点光源を考えるのではなく，開口面上の複素光振幅分布 $U'(Q)$ が与えられるとするとフレネル・キルヒホッフの回折式は，下式のように表現できる。

$$U(P) = \frac{i}{2\lambda}\iint_{-\infty}^{+\infty} U'(Q)\,\frac{\exp(ikr)}{r}\,d\xi d\eta \tag{4.5}$$

4.2　フレネル回折とフラウンホーファー回折

回折により生じる光強度分布は観測点の距離により特徴づけられる（**図 4.4**）。

衝立の開口の大きさ（例えば開口の直径）に比較して，光源から開口までの距離 r_0' および開口から観測点までの距離 r_0 が十分大きいとき，式（4.4）を

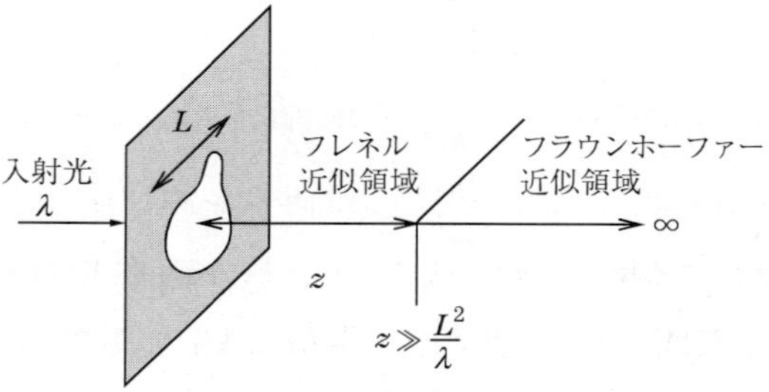

図 4.4　フレネル回折とフラウンホーファー回折の領域

近似して回折効果を計算する。式（4.4）において $\cos\theta + \cos\theta' \fallingdotseq 2$ に近似し，$r \fallingdotseq r_0$，$r' \fallingdotseq r_0'$ と仮定する。このとき観測点Pにおける光波の振幅は

$$U(P) = \frac{iD}{\lambda r_0 r_0'}\iint_A \exp[ik(r + r')]dS \tag{4.6}$$

と表せる。さらに，r について以下の近似を用いる。

$$r = \sqrt{z^2 + (x - \xi)^2 + (y - \eta)^2} = z\sqrt{1 + \left(\frac{x - \xi}{z}\right)^2 + \left(\frac{y - \eta}{z}\right)^2}$$
$$\cong z + \frac{(x - \xi)^2 + (y - \eta)^2}{2z} + \cdots \tag{4.7}$$

同様に r' について

$$r' \cong z' + \frac{(x' - \xi)^2 + (y' - \eta)^2}{2z'} + \cdots \tag{4.8}$$

したがって，観測点で得られる光波の振幅は

$$U(P) = \frac{i}{\lambda}\frac{D\exp[ik(z + z')]}{rr'}\iint_A \exp\left\{ik\left[\frac{(x - \xi)^2 + (y - \eta)^2}{2z} + \frac{(x' - \xi)^2 + (y' - \eta)^2}{2z'}\right]\right\}d\xi d\eta \tag{4.9}$$

で与えられる。ここで座標（ξ，η）は衝立上の開口面の座標を表す。式（4.8），（4.9）においては r と r' を近似するとき ξ，η について2乗の項まで残し，3次以上の項を省略している。この近似で回折効果を計算する場合をフレネル近似という。

さらに，観測点Pと開口が十分離れているとき，（例えば正方形開口の場合，一辺の長さを L とすると $z \gg L^2/\lambda$）あるいは無限に離れているとき，r と r' の近似において ξ と η に関して1乗の項までを用い，2乗以上の項を無視して計算が行われる。このとき r，r' はつぎのように近似できる。

$$r \cong z + \frac{(x - \xi)^2 + (y - \eta)^2}{2z} = z + \frac{x^2 + y^2}{2z} - \frac{x\xi + y\eta}{z} + \frac{\xi^2 + \eta^2}{2z}$$
$$\cong r_0 + \frac{x^2 + y^2}{2r_0} - \frac{x\xi + y\eta}{r_0} \tag{4.10}$$

$$r' \cong r_0' + \frac{x'^2 + y'^2}{2r_0'} - \frac{x'\xi + y'\eta}{r_0'} \tag{4.11}$$

この条件で観測される光波の振幅は

$$U(P) = \frac{i}{\lambda}\frac{D\exp[ik(r_0 + r_0')]}{r_0 r_0'}\exp\left[ik\left(\frac{x^2 + y^2}{2r_0} + \frac{x'^2 + y'^2}{2r_0'}\right)\right]$$
$$\times \iint_A \exp[-ik(f_x\xi + f_y\eta)]d\xi d\eta \tag{4.12}$$

で表される。ここで f_x，f_y は

$$f_x = \frac{x}{r_0} + \frac{x'}{r_0'} \tag{4.13}$$

$$f_y = \frac{y}{r_0} + \frac{y'}{r_0'} \tag{4.14}$$

で与えられる。このように ξ，η について1乗の項だけを用いて回折効果を説明できる場合をフラウンホーファー回折と呼ぶ。ここで，注目すべき点は式(4.12) の積分式は座標（ξ，η）と座標（f_x，f_y）に関して係数を除き，2次元のフーリエ変換の式に一致していることである。このためフラウンホーファー回折の光波の振幅の分布はフーリエ変換を用いて計算できる。フーリエ変換の計算は高速フーリエ変換の計算アルゴリズムが開発されており，計算機により容易に計算できる。

また，レーザ光を用いて，開口のフラウンホーファー回折パターンを直接に観測すると，そのパターンは開口透過率分布のフーリエ変換となっているので，開口形状を入力と考えて，光学的にフーリエ変換演算を行うことができる光演算システムを構築できる。このような光によるフーリエ変換を基本とした光演算の研究は，光情報処理の一つの分野を形成している。

4.3 レンズによるフラウンホーファー回折の観測

本節では，凸レンズの焦点面において開口を透過した光分布を観測すると，フラウンホーファー回折（$r \to \infty$）による回折光と等価な分布が得られることについて述べる。フラウンホーファー回折による光強度分布は開口を透過した直後の光分布のフーリエ変換により与えられるので，レンズによりフーリエ

変換が行えることになる。レンズのフーリエ変換作用はフラウンホーファー回折の観測だけでなく，画像処理などに積極的に用いられる。

レンズが薄い場合は，レンズ透過直後の光線の方向変化は少なく，光線の透過により光の位相が厚い部分では薄い部分に比べて遅れる。ガラスの厚さを2次関数で近似すると，レンズの中心を原点にした座標（ξ，η）を用いると，光がレンズを透過することによる位相遅れは

$$\frac{-k(\xi^2+\eta^2)}{2f} \tag{4.15}$$

により与えられる。したがってレンズのすぐ前に置かれた開口の透過率分布を $g(\xi,\ \eta)$ と表現すると，レンズ透過直後の光波は

$$g(\xi,\ \eta)\exp\left[\frac{-ik(\xi^2+\eta^2)}{2f}\right] \tag{4.16}$$

により与えられる。フレネル回折の式（4.5）に式（4.7）と（4.16）を代入し整理すると

$$\begin{aligned}
U(P) &= \frac{i}{\lambda}\iint g(\xi,\ \eta)\exp\left[\frac{-ik(\xi^2+\eta^2)}{2f}\right]\frac{\exp(ikr)}{r}d\xi d\eta \\
&= \frac{i}{\lambda z}\iint g(\xi,\ \eta)\exp\left[\frac{-ik(\xi^2+\eta^2)}{2f}\right] \\
&\quad \times\exp\left\{ik\left[z+\frac{(x-\xi)^2+(y-\eta)^2}{2z}\right]\right\}d\xi d\eta \\
&= \frac{i}{\lambda z}\exp\left[ik\left(z+\frac{x^2+y^2}{2z}\right)\right]\iint g(\xi,\ \eta) \\
&\quad \times\exp\left[-ik\left(\frac{x\xi+y\eta}{z}\right)\right] \\
&\quad \times\exp\left[-ik\left(\frac{\xi^2+\eta^2}{2}\right)\left(\frac{1}{f}-\frac{1}{z}\right)\right]d\xi d\eta
\end{aligned} \tag{4.17}$$

を得る。観測面を焦点面 $(z=f)$ にとると

$$\begin{aligned}
U(P) &= \frac{i}{\lambda f}\exp\left[ik\left(f+\frac{x^2+y^2}{2f}\right)\right]\iint g(\xi,\ \eta)\exp \\
&\quad \times\left[-ik\left(\frac{x\xi+y\eta}{f}\right)\right]d\xi d\eta
\end{aligned} \tag{4.18}$$

となる。式（4.18）で，積分の前の定数部分を除くと 2 次元のフーリエ変換と同じ型になる。開口のある衝立がレンズの前側焦点（光線の入射側で前方距離 f）の位置に置かれると，位相も含め完全なフーリエ変換の式と同等になる。

4.4 方形開口と円形開口のフラウンホーファー回折

フラウンホーファー回折の例として，方形開口と円形開口（ピンホール）に垂直に単色平面波が入射したときのフラウンホーファー回折像を以下で計算する。4.3 節において述べたように，フラウンホーファー回折式はフーリエ変換と同じ表現となるので，開口の透過率の 2 次元フーリエ変換により回折像が得られる。

方形開口の中心を原点に取り，**図 4.5** に示すように座標軸を取る。開口は ξ 方向の幅が 2α，η 方向の幅が 2β とする。したがって，開口の透過率を与える関数は

$$g(\xi,\ \eta)=\begin{cases}1 & |\xi|\le\alpha \quad |\eta|\le\beta\\ 0 & |\xi|>\alpha \quad |\eta|>\beta\end{cases} \tag{4.19}$$

で与えられる。式（4.19）をフラウンホーファー回折の式（4.18）に代入すると

$$\begin{aligned}u(x,\ y)&=C_S\iint_{-\infty}^{\infty}g(\xi,\ \eta)\exp\left(-ik\frac{x\xi+y\eta}{f}\right)d\xi d\eta\\&=C_S\int_{-\beta}^{\beta}\int_{-\alpha}^{\alpha}\exp\left(-ik\frac{x\xi+y\eta}{f}\right)d\xi d\eta\end{aligned} \tag{4.20}$$

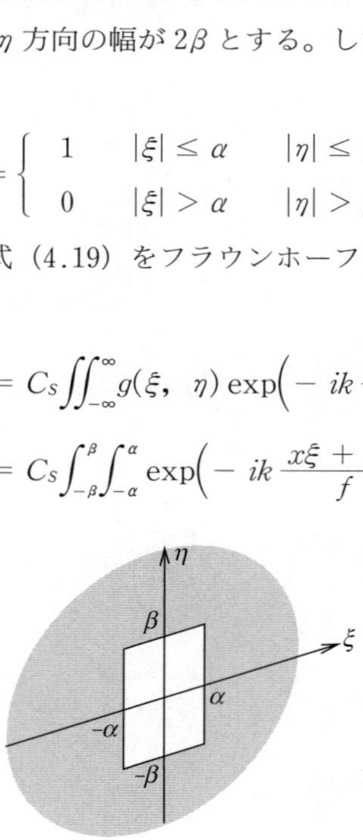

図 4.5　方形開口

となる（C_S は光強度の相対変化に関した定数）。上式の積分を実行して，方形開口の回折像は次式で与えられる。

$$u(x,\ y) = C_0 \frac{\sin\left(\frac{k\alpha}{f}x\right)}{\frac{k\alpha}{f}x} \frac{\sin\left(\frac{k\beta}{f}y\right)}{\frac{k\beta}{f}y} \tag{4.21}$$

式（4.21）は回折光の振幅を与える。振幅の 2 乗を計算することで光強度分布が得られる。C_0 は定数である。

図 4.6 に回折像の光振幅分布と強度分布を示す。方形開口の回折像は方形の長い辺に垂直な方向に，より広がるように回折する。開口の中心部で強度は最

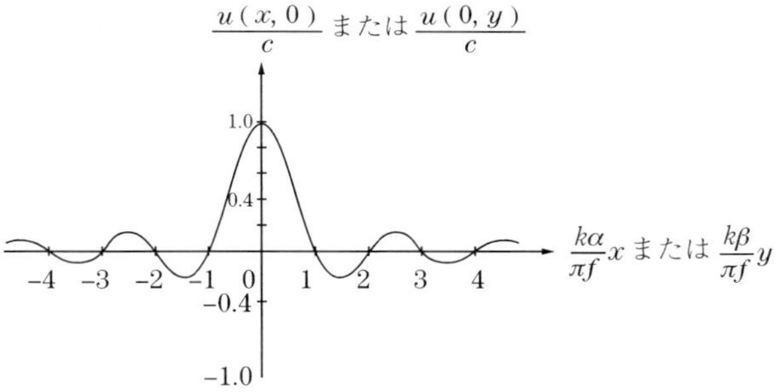

（a） 座標軸上の規格化された振幅

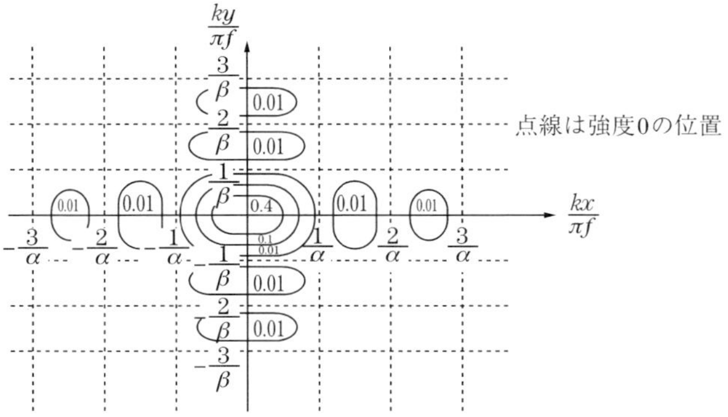

（b） 強度分布の概略

図 4.6 方形開口による回折光の振幅と強度の分布

大となり，中心から遠ざかるに従い光強度が振動しながら低下する。強度が0となる点が周期的に存在する。

半径 a の円形開口の場合は，開口の透過率は次式により与えられる。

$$g(\xi,\ \eta)=\begin{cases}1 & \xi^2+\eta^2\leq a^2\\ 0 & \xi^2+\eta^2>a^2\end{cases} \tag{4.22}$$

図 4.7 に開口の透過率を示した。

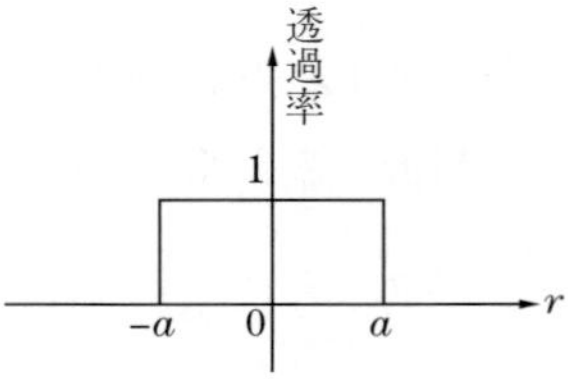

図 4.7　円形開口の透過率

フラウンホーファー回折光の光振幅は次式の回折式で与えられる。ここで，開口が円形であるので，回折式は円筒座標（$\xi=r\cos\theta$，$\eta=r\sin\theta$，$x=\rho\cos\phi$，$y=\rho\sin\phi$）により表現した。

$$u(\rho,\ \phi)=C_C\int_0^a\int_0^{2\pi}\exp\left[-i\frac{k}{f}r\rho\cos(\theta-\phi)\right]rdrd\theta \tag{4.23}$$

ここでベッセル関数の公式

$$J_n(x)=\frac{i^{-n}}{2\pi}\int_0^{2\pi}\exp(ix\cos\alpha)\exp(in\alpha)d\alpha \tag{4.24}$$

を用い，回折光分布は回転対称であるので $\phi=0$ とおいて，回折光の振幅は

$$u(\rho)=C_C\int_0^a J_0\left(\frac{k}{f}r\rho\right)rdr=C_1\frac{2J_1\left(\frac{k}{f}a\rho\right)}{\frac{k}{f}a\rho} \tag{4.25}$$

で与えられる。C_1 は定数である。回折光強度は振幅の2乗より求められる。

円形開口による回折像の振幅分布を**図 4.8** に示す。また，円形開口によるレーザ光の回折像の写真を**図 4.9** に示す。

回折像の強度分布は中央の強い円形の部分の周りにリング状の光分布をもつ。このような円形開口の回折像はエアリー像と呼ばれている。回折像は半径

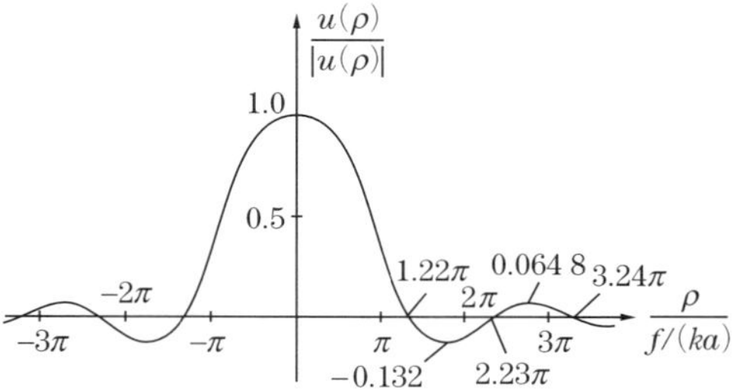

図 4.8 円形開口による回折光の振幅の分布

図 4.9 円形開口による回折像の写真

方向に対して強度が変化する。最初に零点になる半径 R_a は

$$R_a = 0.61\,\frac{2\pi f}{ka} \tag{4.26}$$

で与えられる。半径 R_a の円盤状の部分をエアリーディスクと呼ぶ。開口より回折した光が広がる角度 $\Delta\theta\,(= R_a/f)$ は，エアリーディスクの外周，すなわち回折強度の最初の零点の方向から

$$\Delta\theta = 1.22\,\frac{\lambda}{D} \tag{4.27}$$

で与えられる。ここで $D = 2a$ である。

単色平行光（平面波）を照射した円形凸レンズの焦点面に発生する焦点の広がり（半径 R_a）は，円形開口によるフラウンホーファー回折により求められる。レンズは円形であるので，平面波を照射するとレンズの端での回折が生じる。この回折光は焦点ではフラウンホーファー回折として広がる。広がりの半径 R_a は

$$R_a = 1.22\,\lambda F \tag{4.28}$$

である。ここで F はレンズの F ナンバーと呼ばれレンズの焦点距離 f と半径 a の比 $F = f/2a$ で与えられる。これらの値は1章で考察したガウスビームによるスポット径と同程度になる（1章ではスポットの光強度の半値全幅を用いているので，いくぶん小さな値となる)。ガウスビームは回折してもガウスビームであるので，ビームの断面強度の相対的な形状は変わらない。

4.5　スリットによるフレネル回折

4.4 節ではいくつかのフラウンホーファー回折光の例をみた。本節では最も簡単な回折の光学系の一つであるスリットによるフレネル回折とフラウンホーファー回折を調べてみることで，フレネル回折とフラウンホーファー回折の違いを知ることにしよう。

図 4.10 に光学系の概略を示す。幅 2ε のスリットに単色の平行光が入射する。回折した光をスリットの後ろに置いたスクリーンで観測する（実際には狭いスリット，例えば数 10 μm の場合，フレネル回折像の観測にはスクリーンを用いずに顕微鏡により観察する）。スクリーンのある観測面をスリットからしだいに離すに従い，回折光は広がる。

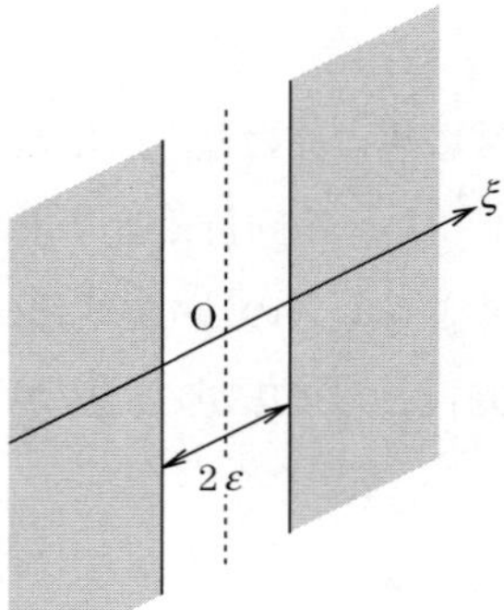

図 4.10　スリットの光学系

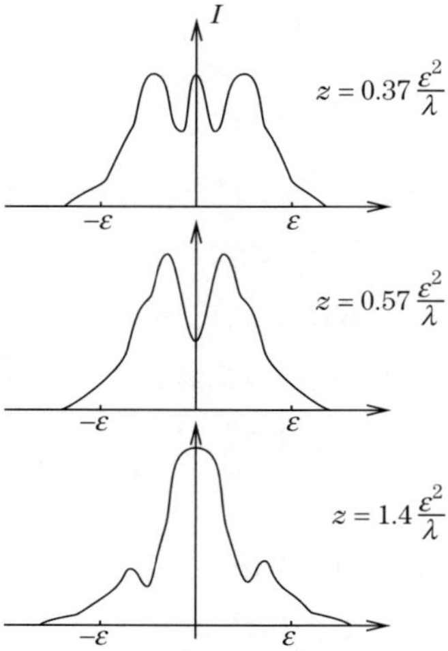

図 4.11　スリットによる回折像の強度分布

図 4.11 に観測面の位置 z をパラメータにした回折像の強度分布（計算値）を示す。スリットの透過直後においては，スリットの形状に対応した方形の光強度分布が得られる。距離が増加するに従い，高次の回折光が抜けてしまうた

め，強度分布の高い周波数成分が少なくなる。また，回折光の相互の干渉により中央の光軸部分で強度が極大となったり，極小となったりしながら変化する。十分距離が離れると，回折光の強度分布の形は変化せず，前節で求めたフラウンホーファー回折強度分布（図 4.6(b)の x 軸上の強度分布）に近づく。

スリットが二つ並んだ場合に，平行平面波でスリットを照射すると，ヤングの干渉縞が得られることはよく知られている。一つのスリットから回折された光は光軸に垂直な方向に広がる。隣のスリットから出た光も同様に広がる。双方の光に可干渉性がなければ，二つのスリットによる光の強度分布はそれぞれの強度分布を加算したものとなり，スリット間の距離が小さい場合は強度が 2 倍になる以外は一つのスリットによる回折強度分布とほぼ同様になる。双方のスリットが可干渉性のある光（例えば一つの平面波）で照射されているときは，二つのスリットからの光の干渉により周期的な干渉縞が得られる。

さらにスリットの数を増やして周期的に並べると，回折光は，**図 4.12**(b)に示すように多数の輝点の列となる。θ は入射光に対する角度である。図(a)に示した単一スリットの回折光と比較すると，輝点の振幅をつなぐ包絡線が単一スリットからの回折光の振幅分布と一致する。このようなスリットが周期的に並んだ光素子を回折格子と呼ぶ。回折格子は光を波長により分離するための光学素子として，分光器などに用いられている。

回折格子によるフラウンホーファー回折は**図 4.13** に示したように，ある特定の方向に強い光強度が得られる。スリットの数が多い場合は，平面波の入射に対して指向性の強い回折光が得られる。フラウンホーファー回折は無限遠方で得られる回折であるので，よく知られた回折の条件式

$$P \sin\theta = N\lambda \qquad (N = 0,\ \pm 1,\ \pm 2,\ \cdots) \tag{4.29}$$

が得られる。ここで P は回折格子の周期，λ は単色平面波の波長，θ は回折角度である。

図 4.13 に示すように，回折されて無限遠方に進む光束は，隣のスリットから出て進む光束の間に波長の整数倍（N 倍の場合，N 次回折光となる）の光路差をもつとき，干渉効果により強め合う。このため特定方向の光強度が強め

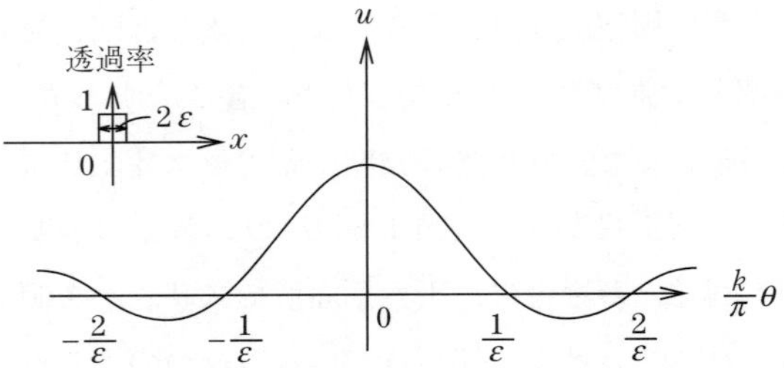

(a)　単一スリット

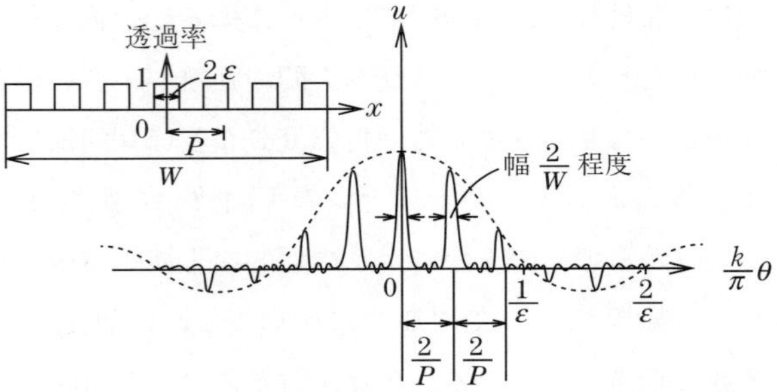

(b)　多数スリット

図 4.12　単一スリットと配列したスリットによる回折像の強度分布

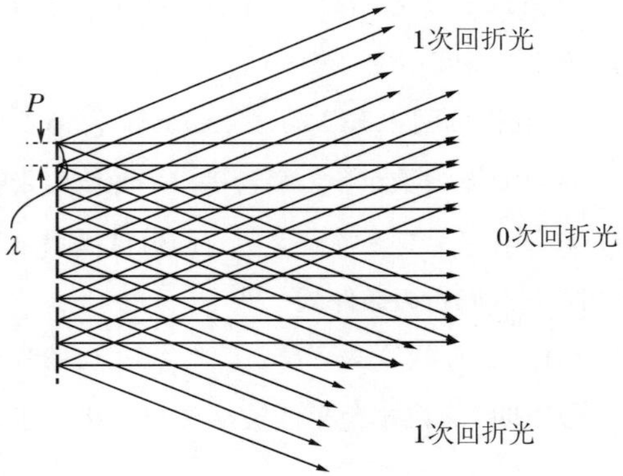

図 4.13　回折格子のフレネル領域

られる。遠方での回折光強度分布は，限られた方向で強い強度をもつフラウンホーファー回折像となる。

回折格子のフレネル回折はどのようになるであろうか。フレネル回折の式により数値計算で求めてもよいが，回折光の重ね合せを考えると理解しやすい。

一つのスリットのすぐ後ろでは，隣のスリットからの回折光はほとんど届いていないので，近い距離では図 4.11 に示すフレネル回折像を横に並べた光分布が得られる。

格子からの距離が離れると，近接するスリットからの光が重なり干渉するので，式（4.29）で示された回折光の生じる方向の光束が支配的になる（図 4.12 に示した 7 スリットの場合でも，回折光強度は式(4.29)で得られる方向の近傍のみで強い強度が得られる。）

格子より少し離れているが，回折光がまだ分離していないフレネル領域ではそれぞれの方向の回折波の重ね合わせにより，近似的にフレネル領域の回折光強度分布を求めることができる。この領域の回折光強度分布の概略を**図 4.14** に示す。この領域では，回折強度は格子の周期と同じ周期の強度分布が得られる。格子からの距離が

$$z = L\frac{2P^2}{\lambda} \qquad (L = 1,\ 2,\ 3,\ \cdots) \tag{4.30}$$

のとき，回折と干渉の効果により，格子を透過した直後の光強度分布が得られる。この強度分布はフーリエ像あるいは格子のセルフイメージと呼ばれており，格子からの距離に対して周期的に現れる。

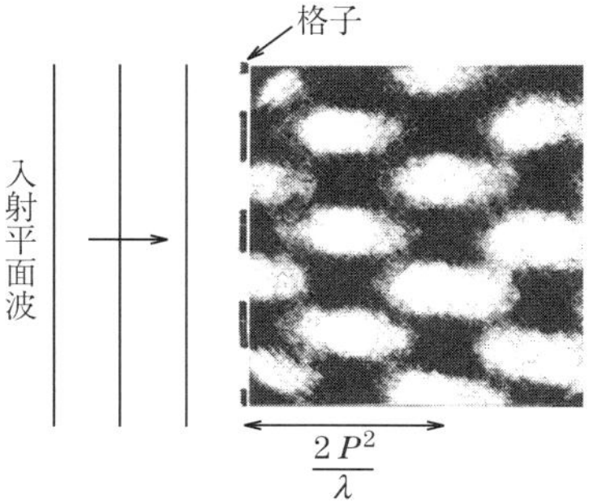

図 4.14 回折格子のフレネル回折光分布

4.6　光エンコーダ

回折格子の応用例として，機械の変位の計測に用いられる光エンコーダについて説明する。

図 4.15 に示すように 2 枚の回折格子を重ね合わせるとモアレ縞(じま)が発生する。モアレ縞は回折格子の 1 周期の移動に対して同じく 1 周期移動するが，モアレ縞の周期は大きいので，回折格子のわずかな移動を拡大して検出できる。

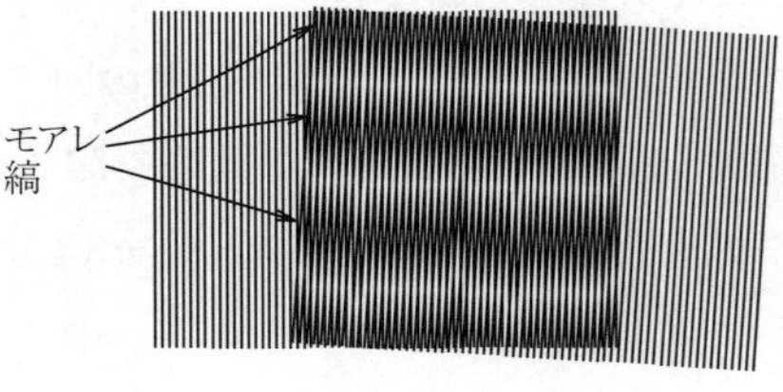

図 4.15　格子の重ね合せにより生じるモアレ縞

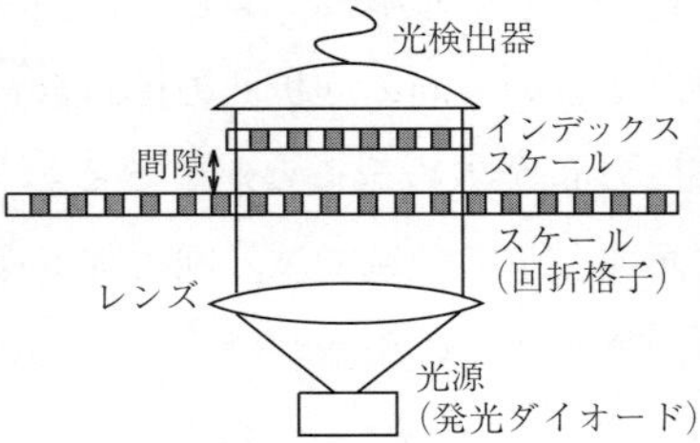

図 4.16　モアレ縞を用いたエンコーダ

エンコーダは位置や角度のセンサとして用いられるが，回折格子を位置検出のためのスケールに用いている。光エンコーダのおもな方式には**図 4.16** に示す重ね合わせた回折格子を用いるモアレ型のものと，**図 4.17** に示す回折波の

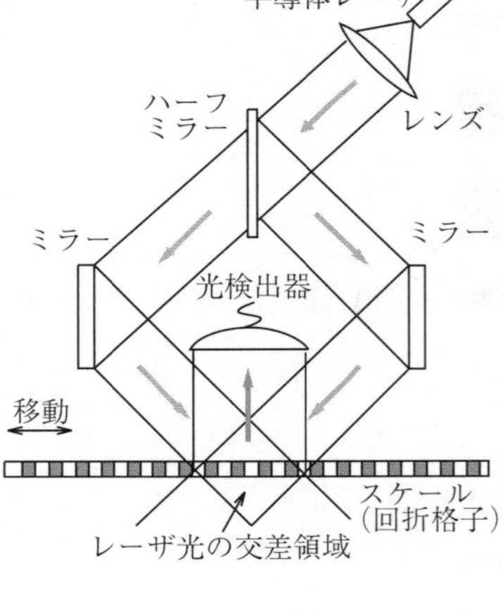

図 4.17　格子の回折波の干渉を用いたエンコーダ

干渉を利用するものがある。

モアレ縞を用いるエンコーダの構成は図4.16に示されているが，長い回折格子（スケール）と短い回折格子（インデックススケール）で構成される。どちらの格子も同じ周期(P)である。光源として，発光ダイオードが多く用いられる（レーザや豆電球でも可能である）。図4.16に示すように2枚の格子を透過して光の強度を検出する方式は透過型と呼ばれる。スケールに対するインデックススケールの相対的な横方向への移動により，周期Pの正弦波形の信号が得られる。スケールの影がインデックスの上に投影されるので，スケールを透過した明るい縞がインデックススケールのスリット列と重なるとき，信号が最大となり，相対位置が$P/2$ずれたとき信号は最小となる。

実際に市販されているエンコーダでは，インデックス格子は4種類が同じ基板に並べて配置されている。それぞれの格子の周期は同じであるが，相対位置が位相で90°ずつ離れている。180°位相差のある格子からの信号の差をとり，信号のオフセット成分を取り除く。90°位相差のある信号から，移動の方向を判断でき，また逆正接演算から移動量dに対応する位相($360d/P$)が得られるので，1周期を分割（内挿）し，分解能を向上できる。

2枚の回折格子を重ね合わせたモアレ稿を用いる光エンコーダで分解能を向上させるためには，格子の周期Pを小さくする必要があるが，格子による回折効果が顕著になる。インデックススケールはスケール格子のフレネル領域に置かれているので，単色平面波が格子に垂直に入射した場合を考えると，図4.13で見たように，回折波が干渉して格子周期Pと同じ周期的な光分布が，スケールの後ろのフレネル領域に発生する。

したがって，インデックススケールは図4.14に示した光分布の中に置かれるので，横方向移動に対して周期Pで変化する信号が得られるが，2枚の格子の間隙変化により信号のコントラストが変化する。間隙によっては信号の強弱が反転することもある。光源が発光ダイオードや豆電球の場合は，単色平面波のレーザに比較してコヒーレンスがないので，間隙の増加とともにフレネル領域の光分布に周期性がなくなり一様になる。このため，あまり大きな間隙では信号が小さくなり，変位の測定が困難になる。

コヒーレンスのない光源を用いた場合に，十分なコントラストのある信号を得るために適当な間隙 z の目安としては，式（4.30）で示された第 1 のフーリエ像の発生する距離の半分程度である。

$$z = \frac{P^2}{\lambda} \tag{4.31}$$

格子の周期が小さくなり，波長の数倍になると，回折の効果がきわめて大きくなり，モアレ式のエンコーダでは，格子の間隙をかなり狭く設定する必要がある。これに対して，回折波の干渉を利用する方式はこのような場合に適している。

図 4.17 に示すように，レーザ光源から出た光はハーフミラーにより 2 分割され，ミラーにより反射して，スケールの上に重ね合わせて照射される。レーザの交差領域では空間に干渉縞が発生するが，その周期はスケールの周期と一致している。このとき，スケールが等速で移動すると空間干渉縞との重なりの位相関係が変化して，スケールからの二つの反射回折光（1 次回折光）の干渉強度が正弦波的に変化する。別の考え方をすると，二つに分けられたそれぞれのレーザ光は回折格子により反射回折されるが，このとき，格子の移動により回折波の波面の位相が変化する（**図 4.18**）。

N 次回折光の波面の位相変化 $\Delta\phi$ は，格子の移動量を d として

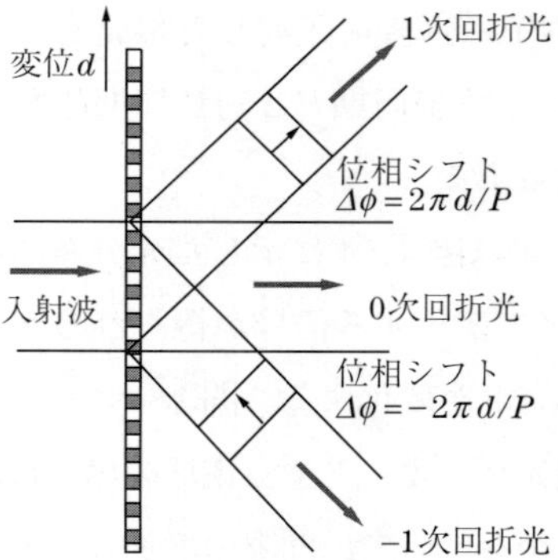

図 4.18　回折による波面の位相シフト

$$\varDelta\phi = \frac{2\pi Nd}{P} \tag{4.32}$$

で与えられる。もう一方の反射回折波の回折次数は−1次であるので，波面の位相変化は逆符号となる。これらの二光束が干渉する場合，干渉信号は周期 P の移動に対して 4π 変化する。このような光強度の変化がエンコーダの信号となる。

4.7 回折光学素子

回折格子は回折により光の方向を変えることができるので，光線の方向変換やレンズとして用いることができる。**図 4.19** はリング状の回折格子でフレネルゾーンプレートを呼ばれる。平行光線が入射した場合，外側のリングでは大きな回折角のため入射光は大きく内側に曲げられる。内側のリングでは回折角が小さいので，曲げられる角度は小さい。

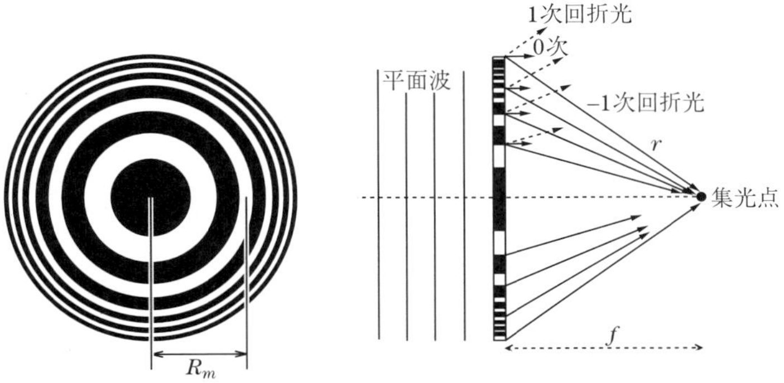

図 4.19　フレネルゾーンプレート

集光点からリング状開口までの距離 r とリングの中心までの距離 f の差が半波長の奇数倍であるようなリング開口が同心円状に並んでいると，隣り合うリング開口からの光は一波長ずつ光路差が生じるので，集光点で干渉により強め合う。すなわち光が一点に集まり，フレネルゾーンプレートは凸レンズのように動作する。m 番目のリング開口の中央までの半径を R_m とすると

$$R_m = \sqrt{\lambda f(2m-1)} \qquad (m=1,\ 2,\ 3,\ \cdots) \tag{4.33}$$

により与えられる。ここでλは波長である。図 4.19 では入射光線の−1 次回折光が 1 点に集光するように回折次数を与えているが，0 次回折光，+1 次回折光，さらに高次の回折光が発生するので，集光の効率は 100 %にはならない。三角形状位相格子によりリングを構成すれば，−1 次方向の回折光成分を増加させることができるので，実用的な回折格子レンズとしては位相格子のフレネルゾーンプレートが用いられる。

フレネルゾーンプレートのような回折光学素子では，入射波長が変わると回折角が変わるので，焦点距離が変化する。すなわち，波長が長いほど回折角が大きい。一方，ガラスやプラスチックのレンズの屈折率も波長依存性をもっているが，一般に波長が長いほど屈折角が小さい。そこで色収差を補正する方法として，屈折レンズに回折光学素子を組み合わせる方法が用いられている。

図 4.20 は組合せレンズの構造である。ガラスレンズの表面に回折光学素子を形成する。ガラスの屈折の波長依存性を回折光学素子の波長依存性で打ち消して色収差のないレンズができる。加工には精密機械加工により鋳型を製作し，ガラスの成型加工により作られる。

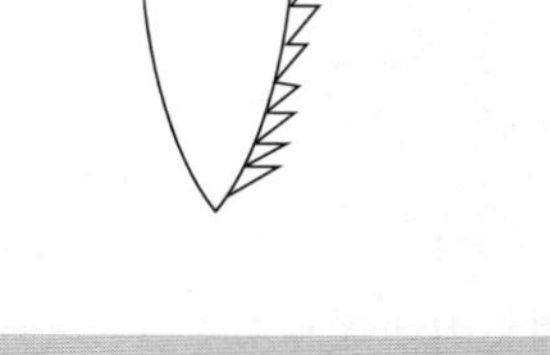

図 4.20 屈折レンズと回折光学素子の組合せによる色収差の補正

4.8 近接場光学顕微鏡

ガウスビーム（1.8 節）のところで述べたように，集光したレーザ光のスポット径の大きさは光波長の数分の一程度である。また，円形開口の回折（4.4節）のところで述べたように，F ナンバーの小さいレンズを用いてもスポット径の大きさは同様の限界をもつ。このように光のスポット径を小さくすることに限界があることを波長限界と呼ぶ。最近，波長限界を超える解像度をもった顕微鏡の研究が活発に行われている。

光の回折が生じないためには，開口からの距離を十分短く取ればよい。光のスポット径を小さくするには開口を小さくすることが考えられる。光の波長より小さい径の開口に光を裏面から照射すると，光は透過しないが，開口部には，近接場光が発生する。近接場光は伝搬光ではなく，開口の近傍に局在する。

近接場光の広がりは開口の半径程度であるので，開口の半径を小さくすると波長に比較してきわめて小さい光スポットを実現することができる。この微小光スポットを用いた顕微鏡が開発され，従来のレンズを用いる顕微鏡の解像度を超える高い空間分解能（可視光を用いて 10 nm オーダ）が得られている。

図 4.21 に近接場光学顕微鏡（照射モード）の概略を示す。先の尖った光ファイバ（先端曲率 100 nm 以下）に光を導波させて先端部に近接場光を発生させる。ファイバの先端部は，最先端の微小開口部以外は金属皮膜により遮光さ

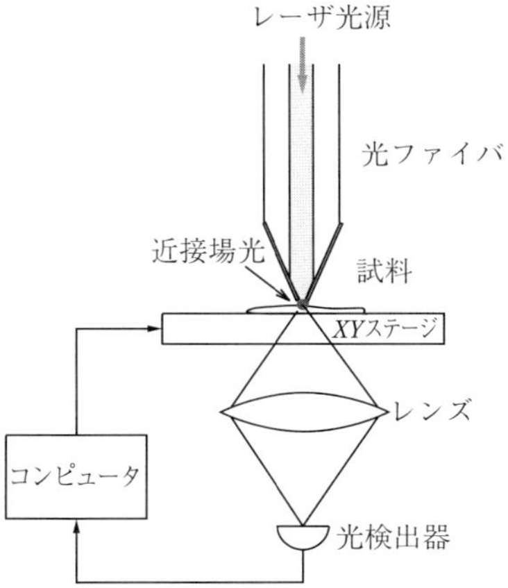

図 4.21　近接場光学顕微鏡の構造

れている。先の尖ったファイバは探針と呼ばれるが，試料表面に，開口の半径程度の距離まで接近させる。距離を保ちながら試料上を走査して透過する光を測定し，顕微鏡画像を得る。近接場光は伝搬する光ではないが，試料との相互作用により，伝搬光に変換されて検出される。このように，光の回折の限界を超えた顕微鏡が開発されている。

演 習 問 題

【1】 正方形の開口によるフラウンホーファー回折像の概略を描け。

【2】 方形の開口に対して式（4.20）より式（4.21）を導出せよ。

【3】 幅 2ε のスリットによるフラウンホーファー回折光の振幅の角度分布を求めよ。光軸に最も近い最初の零点が得られる角度はどれだけか。

【4】 回折格子で波長の異なる光を分離するとき，分解能を高めるにはどのような回折格子を用いればよいか。

5 干　　渉

5.1 二光束干渉

一つの光源から出た光が異なる光路を通った後，再び重なり合うとき，光の強度が強め合ったり弱め合ったりする現象は干渉と呼ばれる。この現象は音や水面の波においても見られる現象としてよく知られている。一つの光源からの光波を半透明な鏡により二つに分けて別の光路を通し，重ね合わせるようにした光学装置は干渉計と呼ばれる。微小な変位や表面の凹凸，距離測定などに用いられる。干渉計のなかで 2 本の光束の干渉を利用する方式は干渉計の基本である。本章では，二光束の干渉現象を中心に説明する。

図 5.1 にマイケルソン干渉計の構成の基本的構成を示す。光源には単色光源が必要であるが，現在ではすぐれた干渉性を示すレーザ光源が用いられる。光源からの光をレンズより平行ビームにし，ビームを分離する半透明な鏡（ビームスプリッタ）に入射させる。ビームスプリッタにより分けられた二つの光線は 90°異なる方向に進む。二つの光はそれぞれ参照鏡と可動鏡により反射され，ビームスプリッタを再び通過する。参照鏡と可動鏡からの光はビームスプリッタにより反射されて，検出器の上で重ね合わされる。

二つの異なる光路を伝わる光を平面波で近似すると，それぞれの光波を

$$u_1 = a_1 \exp[-i(\omega t - kL_1) + i\delta_1] \tag{5.1}$$

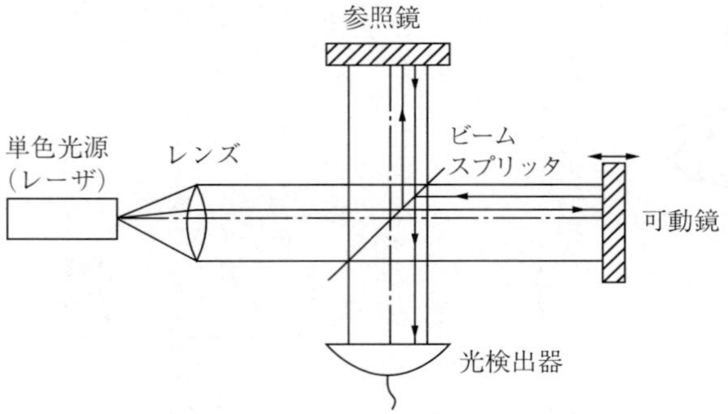

図 5.1　マイケルソン干渉計の基本的構成

$$u_2 = a_2 \exp[-i(\omega t - kL_2) + i\delta_2] \tag{5.2}$$

と表すことができる。ここで L_1，L_2 は参照鏡と可動鏡を通るそれぞれの光波が光源から検出器まで進む間に通過する距離（光路長）である。また，ω は光波の角周波数，$k(= 2\pi/\lambda,\ \lambda$：波長）は波数である。$\delta_1$，$\delta_2$ は二つの光波の初期位相である（光路の途中の反射などによる位相変化を含む)。検出器で観測される光波は二つの光波を重ね合わせて得られる。

$$u_1 + u_2 = \sqrt{(a_1^2 + a_2^2)\left\{1 + \frac{2a_1a_2}{a_1^2 + a_2^2}\cos[k(L_1 - L_2) + \delta_1 - \delta_2]\right\}} \times \exp[-i(\omega t - \phi)] \tag{5.3}$$

ここで

$$\tan\phi = \frac{a_1 \sin(kL_1 + \delta_1) + a_2 \sin(kL_2 + \delta_2)}{a_1 \cos(kL_1 + \delta_1) + a_2 \cos(kL_2 + \delta_2)} \tag{5.4}$$

観測される干渉光の強度は光波の振幅の 2 乗をとり

$$\begin{aligned} I &= |u_1 + u_2|^2 \\ &= (a_1^2 + a_2^2)\left\{1 + \frac{2a_1a_2}{a_1^2 + a_2^2}\cos[k(L_1 - L_2) + \delta_1 - \delta_2]\right\} \end{aligned} \tag{5.5}$$

により与えられる。ここで $L_1 - L_2$ は光路差と呼ばれ，干渉光強度は光路差の変化に対して余弦関数に従って変化する。**図 5.2** に光路差に対する干渉光強度を示す。光路差 $L_1 - L_2$ の増加に従い，波長 λ を周期として変化する。干渉光強度の最大値 $I_{\max}$ と最小値 $I_{\min}$ から干渉縞のコントラスト V が次式によ

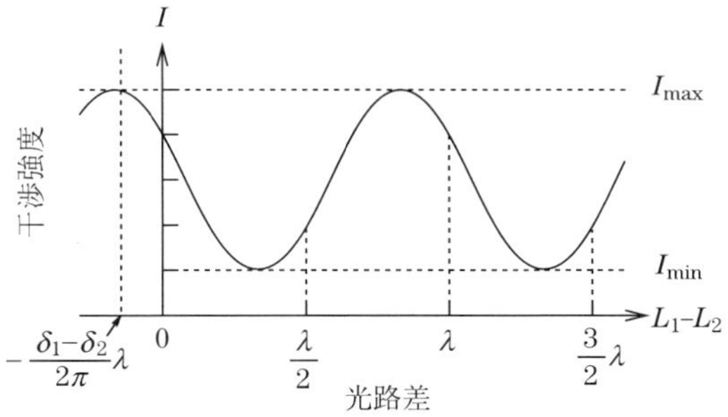

図 5.2　光路差に対する干渉光強度

り定義される。

$$V = \frac{I_{max} - I_{min}}{I_{max} + I_{min}} = \frac{2a_1a_2}{a_1^2 + a_2^2} \tag{5.6}$$

ここでは cos の前の係数がコントラスト V と等しくなる。またコントラストは二つの光波の強度が等しい $(a_1 = a_2)$ とき最大値 1 となる。

レーザ干渉計で移動量を精密に測定する場合の基本は式（5.5）である。可動鏡の移動に対して干渉強度が周期 $\lambda/2$（移動距離に対して光路は往復で 2 倍となる）で変化するので，最大値の数を数えて $\lambda/2$ の分解能で移動距離を測定できる。

5.2 干　　渉　　縞

図 5.1 に示した干渉計を組み立てて検出器の前にスクリーンを置くとき，理想的な条件では干渉光はレンズで広げたビーム径の一様な明るさの円形光スポットになる。しかし，鏡の傾きの調節が不十分であると縞模様が見られる。参照鏡と可動鏡の傾きを調節すると縞が移動したり，縞の間隔が変化するのが見られる。むしろ縞のない状態を実現することは難しい。このような縞の一例を**図 5.3** に示す。

さて，この干渉縞の分布より鏡の傾きや表面の凹凸を測定できる。図 5.1 においてレーザ光の断面の直径が測定対象（ここでは可動鏡の表面）より大きい

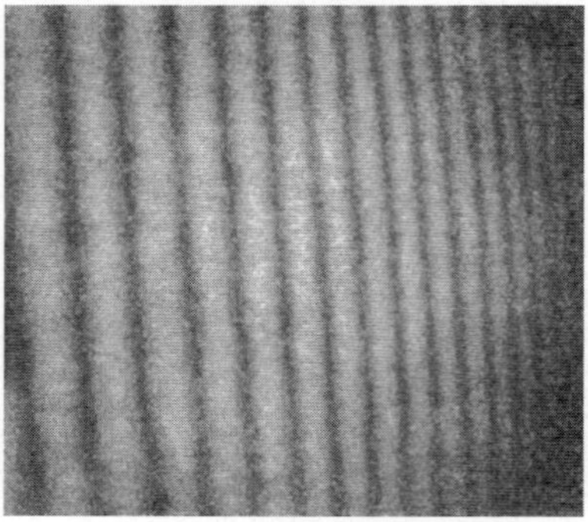

図 5.3　二光束干渉計による干渉縞の一例

とする。可動鏡の表面形状が 2 次元の座標 x，y を用いて $d(x,\ y)$ と与えられるとき，可動鏡までの光路差は位置 $(x,\ y)$ において $L_2 + d(x,\ y)$ となる。ただし L_2 は可動鏡表面上の代表点を通る光線の光路長とする。このとき干渉光強度を表す式（5.5）は

$$I = 2a^2\{1 + \cos k[L_1 - L_2 - 2d(x,\ y)]\} \tag{5.7}$$

となる。ただし光波の初期位相 δ_1，δ_2 は 0 とし，$a_1 = a_2 = a$ とした。したがって可動鏡の表面形状に分布があると，$\lambda/2$ 周期で干渉強度の明暗が表れ，地図の等高線のような縞模様が表れる。**図 5.4** に $d(x,\ y) = C(x^2 + y^2)$，（C は定数）と $d(x,\ y) = C(x + y)$，（C は定数）の場合の干渉光強度分布の計算例を示す。

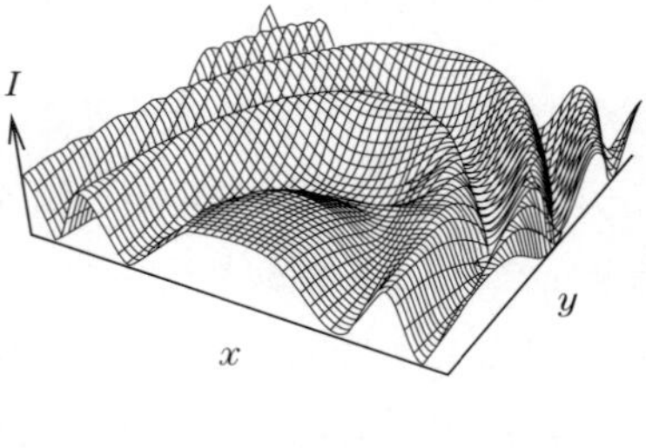

（a）$d(x, y) = C(x^2 + y^2)$

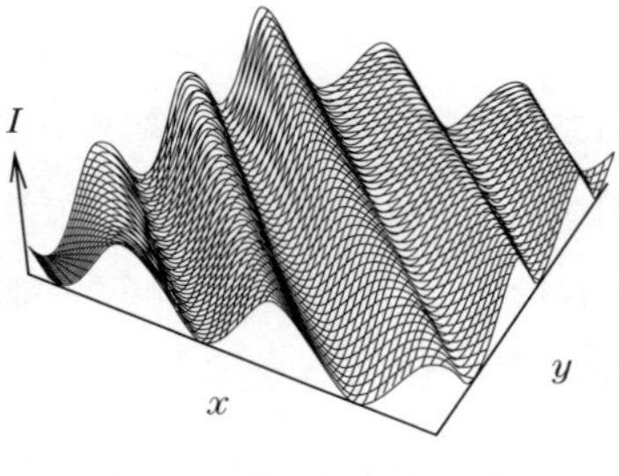

（b）$d(x, y) = C(x + y)$

図 5.4　干渉縞強度分布の計算例

5.3 干渉によるビート

前節では干渉する二光波の周波数は同じであった。周波数がわずかに異なる二光波の干渉はビート（うなり）を発生させる。干渉によるビートは電気信号処理技術と組み合わせて精密変位測定などに用いられる。同一方向に進行する振幅が等しい二つの光波 u_1 と u_2 を

$$u_1 = a\exp[-i(\omega_1 t - k_1 L_1) + i\delta_1] \tag{5.8}$$

$$u_2 = a\exp[-i(\omega_2 t - k_2 L_2) + i\delta_2] \tag{5.9}$$

で表す。ここで L_1，L_2 は二つの光路であり δ_1，δ_2 は光波の初期位相である。それぞれの光波の角周波数と波長，波数を ω_1，k_1，λ_1 と ω_2，k_2，λ_2 とする。また振幅は a とする。二つの光波の重ね合わせにより得られる干渉光は

$$\begin{aligned} u_1 + u_2 &= 2a\cos\left(\frac{\omega_1 - \omega_2}{2}t - \frac{k_1L_1 - k_2L_2 + \delta_1 - \delta_2}{2}\right) \\ &\quad \times \exp\left(-i\frac{\omega_1 + \omega_2}{2}t + i\frac{k_1L_1 + k_2L_2 + \delta_1 + \delta_2}{2}\right) \end{aligned} \tag{5.10}$$

で与えられる。この干渉波は平均角周波数 $(\omega_1 + \omega_2)/2$，すなわち波長 $2\lambda_1\lambda_2/(\lambda_1 + \lambda_2)$ である光波となるが，その振幅は cos 関数で与えられ，差の角周波数

$$\Delta\omega = \frac{\omega_1 - \omega_2}{2} \tag{5.11}$$

で振動する。このような振幅の振動はビートと呼ばれる。干渉によるビートの波形を**図 5.5** に示す。

検出される光の強度は式（5.10）の 2 乗より

$$\begin{aligned} I = |u_1 + u_2|^2 &= 4a^2\cos^2\left(\frac{\omega_2 - \omega_1}{2}t - \frac{k_1L_1 - k_2L_2 + \delta_1 - \delta_2}{2}\right) \\ &= 2a^2\{1 + \cos[(\omega_2 - \omega_1)t - (k_1L_1 - k_2L_2) + \delta_1 - \delta_2]\} \end{aligned} \tag{5.12}$$

と求められる。ビートの強度は差の角周波数 $\omega_1 - \omega_2$ で変化する。ビート周

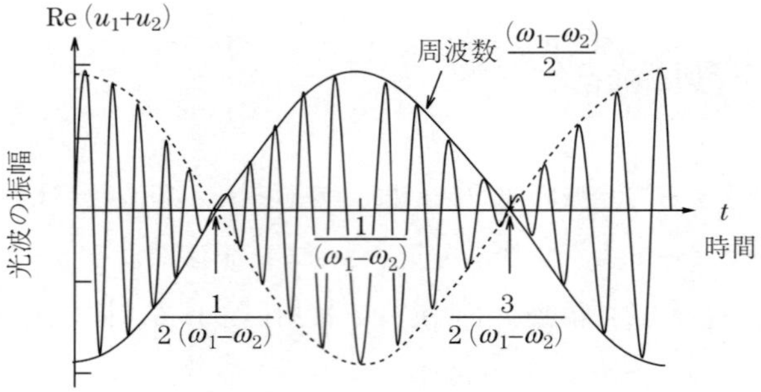

図 5.5　干渉によるビートの波形

波数が光検出器で検出できるほど低い場合，測定に利用できる。このようにわずかに異なる二つの周波数の光波を利用する干渉計はヘテロダイン干渉計と呼ばれる（一つの周波数の光波を用いる干渉計はホモダイン干渉計と呼ばれる。5.1 節の干渉計はその 1 例である）。光路差により発生する位相 $k_1L_1 - k_2L_2$ は時間的に変化するビート信号波形の位相に対応する。

時間波形の位相は電気的な手法により精度良く検出できるので，ヘテロダイン干渉計においては高い精度の計測が可能である。1 nm 程度の高い分解能で移動量が測定できる装置も開発されている。

5.4　空間の干渉縞と定在波

これまでの干渉計の説明では，同じ方向に進む光波の重ね合せによりスクリーン上で干渉縞が観測できることを説明した。干渉は二つの光波の重なる場所ならどこでも発生するので，3 次元の空間に発生する。この例として対向する光波の干渉である定在波について述べる。

図 5.6(a)に示すように一つの平面波が鏡により反射される場合について考える。z 軸の正方向に進む反射波 u_1 と負方向に進む入射波 u_2 が干渉する。u_1，u_2 は

$$u_1 = a\exp[-i(\omega t - kz)] \tag{5.13}$$

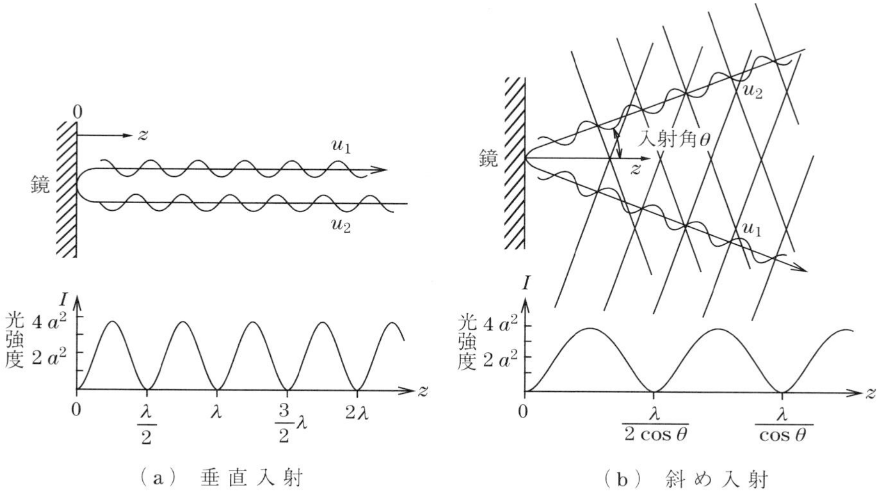

図 5.6　鏡の反射による定在波の発生

$$u_2 = a\exp[-i(\omega t + kz) + i\pi] \tag{5.14}$$

と表現できる。100 ％の反射率の金属鏡を仮定し，金属表面で電界を零とした。二つの光波による干渉は

$$u_1 + u_2 = 2a(\sin kz)\exp\left(-i\omega t + i\frac{\pi}{2}\right) \tag{5.15}$$

により与えられ，その強度分布は

$$I = |u_1 + u_2|^2 = 2a^2(1 - \cos 2kz) \tag{5.16}$$

により与えられる。光強度分布は z 方向に $\lambda/2$ の周期で変化しており，時間にかかわらず一定の強度となる。これは空間に形成された干渉縞と考えられる。図 5.6(b)には鏡に斜めに入射する平面波の場合も示した。

つぎに空間で交差する二つの平面波が形成する干渉縞について考えてみよう。**図 5.7** に示すように x - z 平面内で伝搬する二つの平面波が角度 2θ（z 軸に対して θ）で交差する。x 軸の正方向と負方向に伝搬する平面波をそれぞれ u_1，u_2 とすると

$$u_1 = a\exp[-i(\omega t - \boldsymbol{k}\cdot\boldsymbol{r}) + i\delta_1]$$

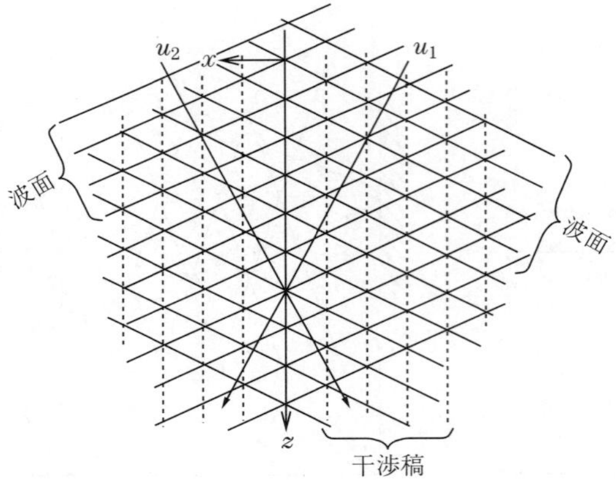

図 5.7　交差する平面波でできる定在波

$$= a \exp\left[-\, i(\omega t - kx \sin\theta - kz \cos\theta) + i\delta_1\right] \tag{5.17}$$

$$u_2 = a \exp\left[-\, i(\omega t + kx \sin\theta - kz \cos\theta) + i\delta_2\right] \tag{5.18}$$

ここで，二つの光波の強度は等しいとしてそれぞれの初期位相を δ_1，δ_2 とした。干渉により得られる光波は

$$u_1 + u_2 = 2a \cos\left(kx \sin\theta + \frac{\delta_1 - \delta_2}{2}\right) \exp\left[-\, i(\omega t - kz \cos\theta)\right] \tag{5.19}$$

したがって，干渉した光波は x 方向に振幅の周期的な変化をもち空間的な干渉縞を形成している。干渉光の強度分布は

$$I = |u_1 + u_2|^2 = 2a^2\left[1 + \cos 2\left(kx \sin\theta + \frac{\delta_2 - \delta_1}{2}\right)\right] \tag{5.20}$$

により与えられ，x 方向の周期 p は

$$p = \frac{\pi}{k \sin\theta} = \frac{\lambda}{2 \sin\theta} \tag{5.21}$$

により与えられる。交差する角度 2θ を大きくして 180°のとき，p は最小値 $\lambda/2$ となり，鏡への垂直入射により得られた干渉縞の周期に一致する。また図 5.6(b)に示した鏡への斜め入射の場合における定在波の発生は図 5.7 に示した交差する平面波により発生する定在波と同様に考えられる。したがって，鏡の面に平行に干渉縞が形成される。

5.5　繰返し反射による干渉

これまでは二つの光波による干渉を取り扱ってきた。本節では平行に置かれた反射面による繰返し反射が発生する場合について考える。この場合，いくつもの反射光が干渉する多光束干渉となる。**図 5.8** に示すように 2 枚の反射鏡による光学系を考える。このような光学系による干渉計はファブリー・ペロー干渉計と呼ばれ，間隙を変えることにより透過する波長帯域を変えることができるので，波長可変の光フィルタとして用いられる。表面の反射を減らすための反射防止膜も，同様の繰返し反射を利用する。また間隙を広くしてその内部に光増幅作用のある活性媒質を入れて，鏡の反射率を高くするとき，レーザ発振器の光学系にもなる。

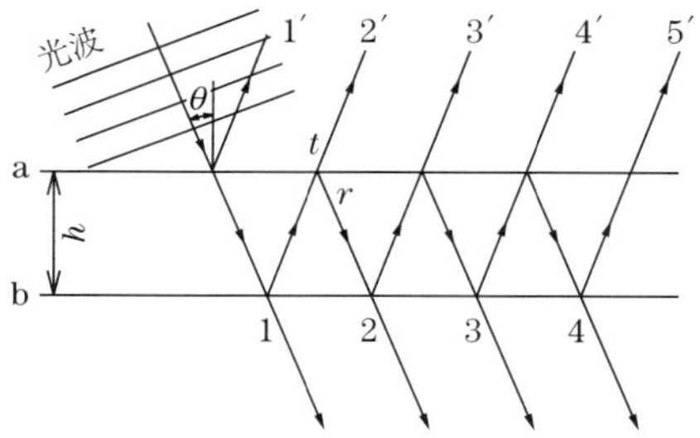

図 5.8　繰返し反射による干渉光学系

入射光線 $u_0 = a\exp[i(\omega t + \boldsymbol{k}\cdot\boldsymbol{r})]$ が反射面 1 に入射すると一部が透過し残りが反射する。ここでは簡単のため反射面 a または b を透過するときの振幅透過率を t として，光線が反射面で反射されるときの振幅反射係数を r とする。

十分遠方にて透過光を観測するとすると，透過光は図 5.8 において繰返し反射による光線 1，2，3，… の和により与えられる。光線 1 と 2，光線 2 と 3，光線 3 と 4，… の光路差は位相で表すと

$$\delta = \frac{4\pi}{\lambda} h\cos\theta \tag{5.22}$$

で与えられる。ここで h は反射鏡の間隙，θ は入射角，である。同様に光線 $1'$ と $2'$，$2'$ と $3'$，… も式（5.22）と同じ光路差となる。透過光は級数により

$$u_T = t^2(1 + r^2 e^{i\delta} + r^4 e^{i2\delta} + r^6 e^{i3\delta} + \cdots)u_0 = \frac{t^2}{1 - r^2 e^{i\delta}} u_0 \quad (5.23)$$

と表現できる。透過光の強度は

$$\frac{I_T}{I_0} = \frac{|u_T|^2}{|u_0|^2} = \frac{T^2}{(1 - R)^2 + 4R\sin^2\dfrac{\delta}{2}} = \frac{T^2}{(1 - R)^2} \frac{1}{1 + \dfrac{4R}{(1 - R)^2}\sin^2\dfrac{\delta}{2}} \quad (5.24)$$

で与えられる。ここで T と R はそれぞれエネルギー透過率とエネルギー反射率で $T = t^2$，$R = r^2$ である。（注：反射屈折のところで述べたようにエネルギー透過率は振幅透過率だけでなく屈折率と入射角に依存するが，ここでは簡単のため，屈折率差なしで入射角は 0° に近いと仮定した）I_0 は入射光の強度である。ここで I_T/I_0 は位相差 δ が 2π の整数倍のとき最大値 1 となる。

図 5.9 に，式（5.24）より求めた入射光強度に対する透過光強度の比の位相差依存性を示す。

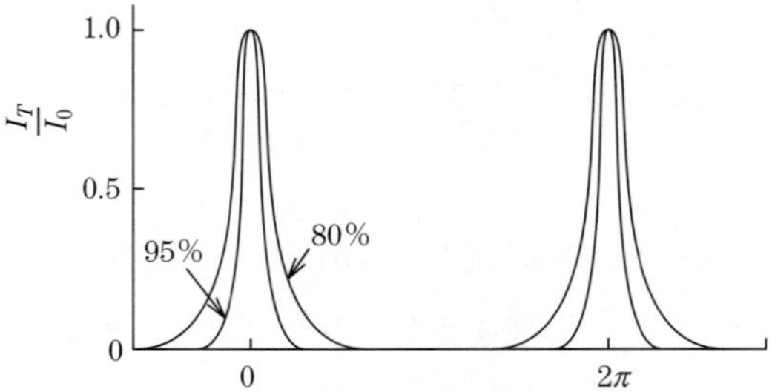

図 5.9　入射光強度に対する透過光強度の比の位相差依存性

パラメータとして反射率 R を変えた結果を示している。反射率が少ないときは，位相角に対して正弦波に近い変化をする。これは反射率が小さいため，多重反射による影響が少なく，ほとんど二光束干渉の状態に近いと考えられる。また反射率が高くなり 100 %に近くなると，特定の波長で繰返し干渉の位相差が 2π の整数倍の位相差となる。このとき透過率は最大となる。それ以外

の波長ではほとんど透過しないので，特定の波長の近傍で鋭い透過領域をもつ。

反射率が 100 %に近いミラーを 1 枚置いて通過光量を測定すると，透過率は 0 %に近い。しかし，2 枚の同様のミラーを適当な間隙で重ね合わせると，特定の波長で 100 %に近い透過率が得られる。

二つの反射面間の距離 h を変化させるとき，光路差を表す式（5.22）が 2π の整数倍の条件を満たすときのみ光を透過させることができる。この条件は周期的に表れて，θ を 0 として N を整数とすると

$$\frac{1}{\lambda} = \frac{N}{2h} \tag{5.25}$$

で与えられる。h が波長に比べて大きいときは N も大きな数になる。N が一つ増加するとき，式（5.25）より波数（$1/\lambda$）の変化は

$$\varDelta\left(\frac{1}{\lambda}\right) = \frac{1}{2h} \tag{5.26}$$

となる。二つの反射鏡の間隔 h は式（5.25）より $\lambda/2$ の N 倍となり，反射鏡の間には定在波が発生する。このとき内部の光の強度を計算すると最大となる。したがって式（5.25）の条件は，反射鏡の内部に高い効率で光を蓄えることのできる条件でもある。レーザ発振器においては活性媒質の外側に高い反射率の反射鏡を置いて光を反射鏡内部に閉じこめてレーザを発振させる。このためレーザ発振の生じる条件は式（5.25）を満たす波長となる。

5.6 スペックル

最近では，レーザ光を見る機会も多くなった。レーザ光は単色性の優れた光である。壁や紙で反射されるレーザ光を見ると，ぎらぎらと輝いて見えたり，物体表面がざらざらして見えることを経験する。これは散乱されたレーザ光が干渉して生じる現象である。

白い紙に 1 mm 径程度のレーザ光を照射して，1 m くらい離れたところで白

紙のスクリーンを置いて反射強度分布を見るとまだら模様が観測される。このような模様のことをスペックルと呼ぶ。ウズラ卵の表面のまだら模様もスペックルと呼ぶが，同じようなパターンが得られる。

図 5.10 にスペックルパターンの観測例を示す。スペックルパターンは，レーザ光がざらざらな紙や金属の粗面で反射された場合に現れる。鏡のようななめらかな面からの反射光では生じない。スペックルパターンは表面粗さや傷の検査，物体の変位測定などに用いられる。

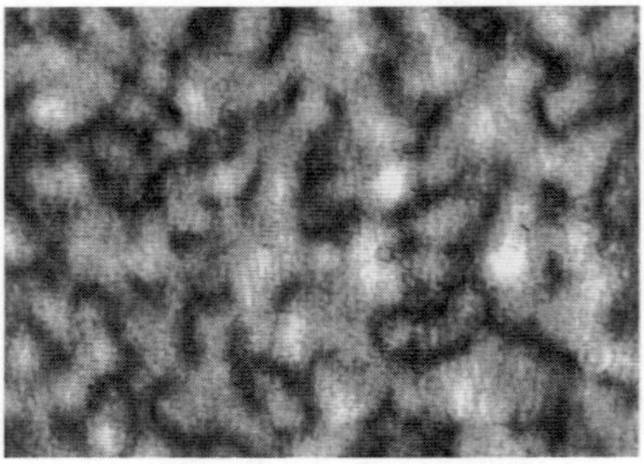

図 5.10　スペックルパターンの観測例

粗面の表面の凹凸はランダムで，その高低差は光の波長より大きいものとする。粗面からの反射光は表面の各部からの反射光の和により与えられる。**図 5.11**(a)の観測点 P (x, y, z) における光の振幅は各部から反射する単色の光波の和により与えられる。観測点における光を近似的に N 個の反射光の和と考えて，それぞれの光波を

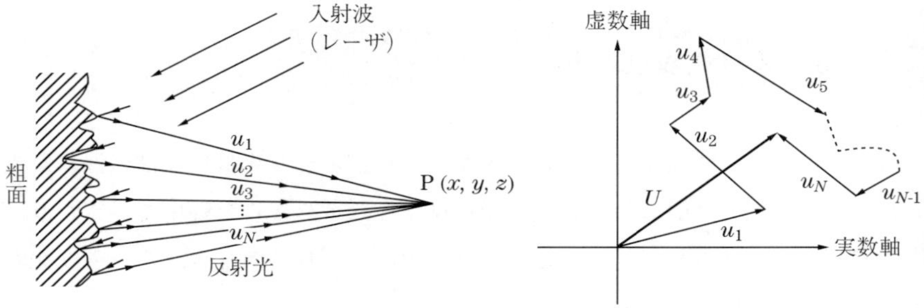

（a）　ランダムな光波の重ね合せ　　（b）　複素平面での表現

図 5.11　粗面からの反射光の干渉

$$u_m = \frac{A_m}{r_m} \exp\left[i(\boldsymbol{k}\cdot\boldsymbol{r}_m + \theta_m)\right] \tag{5.27}$$

と表す。点Pでの光波は

$$U = \sum_{m=1}^{N} \frac{A_m}{r_m} \exp\left[i(\boldsymbol{k}\cdot\boldsymbol{r}_m + \theta_m)\right] \tag{5.28}$$

となる。1から N のそれぞれの光波を表す複素数を複素平面でのベクトルに対応させると，図5.11(b)に示すようにその和は複素平面上のランダムな移動の終点を表すベクトルにより表される。

スペックルでは空間においてまだら状に光の強度分布が生じている。明るい部分は反射面からの光が強め合うように干渉し，暗い部分は打ち消し合っている。

ランダムな干渉の統計的な取り扱いにより，スペックル模様の強度分布や平均径を求めることができる。光の強度が I である確率を $P(I)$ とすると，平均強度を $\langle I\rangle$ として

$$P(I) = \frac{1}{\langle I\rangle} \exp\left(-\frac{I}{\langle I\rangle}\right) \qquad I \geq 0 \tag{5.29}$$

で与えられる。**図5.12** に式 (5.29) をグラフに表した。光の強度は零に近い場合が最も多く，光強度の増加とともに指数関数的に減少する。したがってスペックルの光強度の分布は，暗い光分布の中に特別に明るい部分がまばらに含まれている構造になる。

また，同様の考察によりスペックル模様を形成する光の位相が θ である確

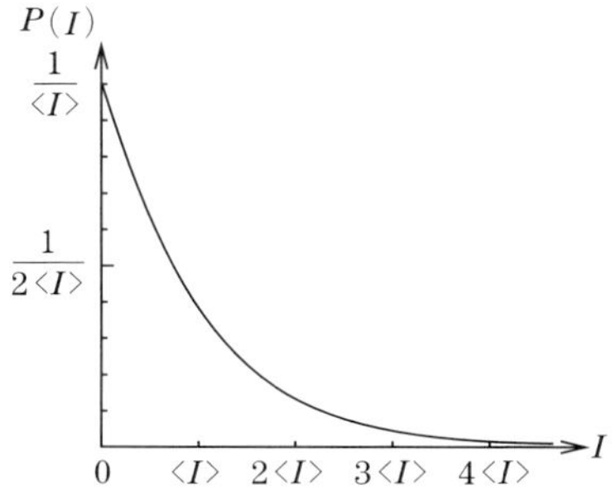

図5.12 スペックル強度の確率分布

率 $P(\theta)$ は

$$P(\theta) = \frac{1}{2\pi} \qquad (-\pi \leqq \theta < \pi) \tag{5.30}$$

となる。したがって，位相が θ である確率は一定であり，位相は場所によらず一様な確率でランダムな分布となる。

つぎにスペックルのまだらな強度分布の平均的な大きさについて考えてみよう。紙などの表面で散乱されたレーザ光により発生したスペックル模様は，観測する面が散乱面より離れるに従い大きくなる。スペックル模様の平均的な大きさを求めるには，スペックル強度の自己相関

$$C(X,\ Y) = \frac{1}{S}\iint_s I(x,\ y)I(x+X,\ y+Y)dxdy \tag{5.31}$$

を求める。ここで x，y，X，Y は観測面上の座標，積分領域 S は十分に数多くのスペックルを含むものとする。相関が高い領域はスペックルの明るさの等しい領域に対応すると考えて，スペックル模様の平均的な大きさを求めることができる。自己相関関数の値は $X=0$，$Y=0$ にピークをもち，その幅がスペックルの平均径を表す。

スペックルの平均径は用いる光学系により異なるが，代表的な例として，**図 5.13** に示す場合について述べる。

図 5.13(a)の場合は，レーザを拡散面に照射して何も光学系をもうけずに観測面を置く。このような光学系で得られるスペックルは回折界のスペックルと呼ばれる。観測されるスペックルの径はおよそ

$$\frac{\lambda}{\alpha} \tag{5.32}$$

で与えられる。ここで λ は波長，α は観測点より照射された領域を見込む角度 (D/L) である。したがって，表面が波長に比べ十分に粗面である場合には，スペックル径は表面の微視的な粗さに無関係になり，照射スポット大きさで決まる。照射スポット径を小さく絞るとスペックル模様は粗くなる。

観測面と散乱面の間の距離を変化させても，ある程度の範囲でスペックル模様に変化は見られない。観測面に垂直な光軸方向でスペックルパターンの自己

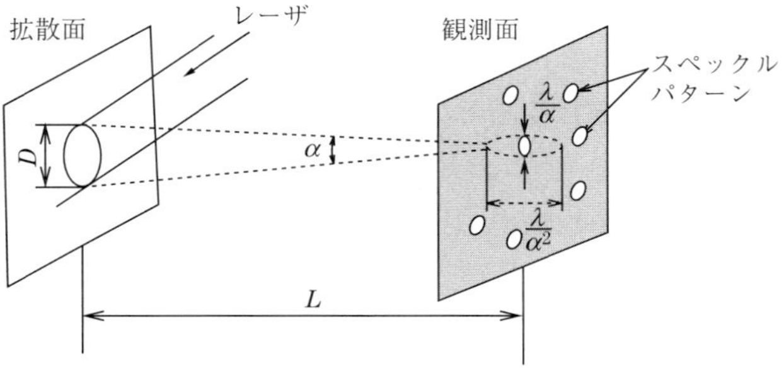

（a） 回折界のスペックル

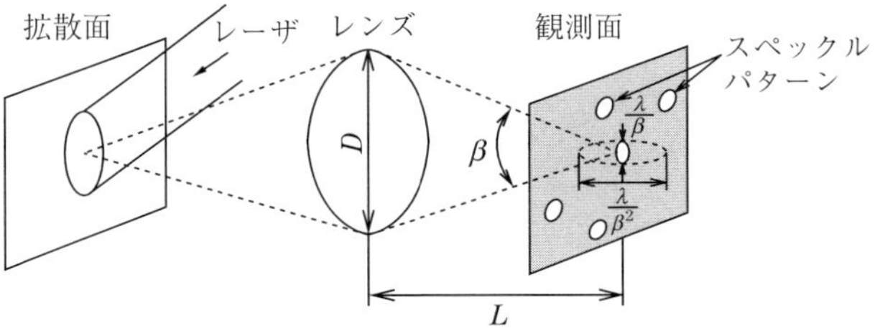

（b） 像界のスペックル

図 5.13 スペックル観測光学系

相関を求めると，光軸方向のスペックルの大きさが得られる。図 5.13(a)の光学系においては

$$\frac{\lambda}{\alpha^2} \tag{5.33}$$

で与えられる。このようにスペックルの模様の一つの大きさは空間的にはラクビーボールのように紡錘形となる。

つぎに，図 5.13(b)に示したように拡散面がレンズにより観測面に結像する場合について考える。この場合，得られるスペックルは像界のスペックルと呼ばれる。回折界のスペックルと同様に観測面でのスペックル径と光軸方向での大きさはそれぞれ

$$\frac{\lambda}{\beta} \tag{5.34}$$

$$\frac{\lambda}{\beta^2} \tag{5.35}$$

で表現される。ここで β は観測面からレンズの瞳径を見込む角度（D/L）である。この場合も，スペックルの大きさはレンズの瞳径と波長により表され，表面の微視的な凹凸には無関係である。

スペックルパターンは変位の測定やひずみの測定に用いられる。簡単な応用の例として**図 5.14**(a)に示すイメージセンサによる相関計を用いた変位測定について述べる。

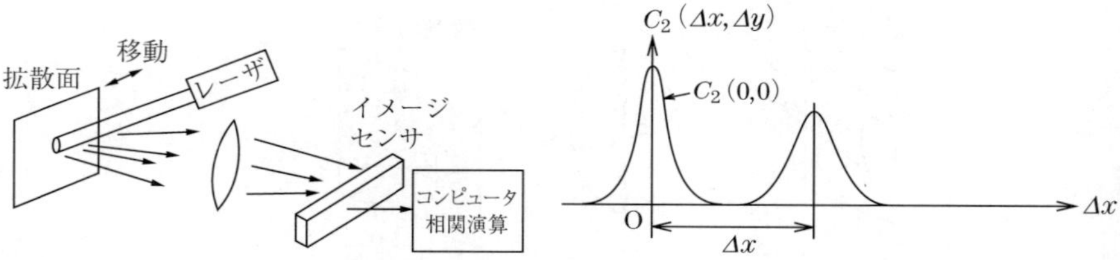

（a）スペックルによる変位測定装置　（b）相関計算の結果

図 5.14　スペックルを用いた変位計測

図 5.13(a)あるいは(b)に示した光学系において，拡散面が光軸に垂直な方向に移動する場合を考える。このときスペックルパターンは図 5.13(a)では拡散面の移動と同じ方向に，また図 5.13(b)では逆方向に移動する。レーザにより照らされる領域は，拡散面の移動に伴い少しずつ入れ替わる。このためスペックルパターンは横方向への移動とともに，パターンが少しずつ変形する。イメージセンサでとらえたスペックルパターンの強度分布が移動の前に $I_1(x, y)$，移動後に $I_2(x, y)$ であるとすると，これらの二つの強度分布から相互相関 C_2 を計算することで，移動量 Δx，Δy が得られる。

$$C_2(\Delta x, \Delta y) = \frac{1}{S}\iint_S I_1(x, y) I_2(x - \Delta x, y - \Delta y)\,dxdy \tag{5.36}$$

得られた相関 C_2 の概略を図 5.14(b)に示す。$\Delta x = 0$，$\Delta y = 0$ では，自己相関と同じになる。移動するに伴い，スペックルパターンが移動することと，レーザで照らされる範囲から出る表面の領域とその範囲に入る領域があるため，相互相関のピークは低下し，幅は広がる。変位は相関関数のピーク位置の差から検出する。ひずみの測定においても，同様に各部分の変位を測定して試料の変形を知ることができる。

5.7 コヒーレンス

レーザ光のように干渉現象を起こしやすい光と，白熱電球から出る光のように容易には干渉縞を観測できない光がある。光波の性質の一つとして，干渉の発生しやすさを表すためにコヒーレンスという言葉が用いられる。日本語では可干渉性と呼ばれる。以下ではコヒーレンスについて説明する。コヒーレンスは，時間的コヒーレンスと空間的コヒーレンスに分けて考えることができる。まず，時間的コヒーレンスについて説明する。

これまでいくつかの干渉現象を説明したが，光波としては無限の時間で連続した正弦波を考えてきた。しかし，現実には光波の続く時間には限りがある。このように時間的に有限の長さをもつ光波の干渉を，図 5.1 に示したマイケルソン干渉計で考えてみる。可動鏡を移動させて，二つに分かれた光波が伝搬する時間の差を光波が続く時間より長くした場合を考えると，5.1 節で考えた干渉は生じない。なぜなら二つの光波は光検出器の上では重ならないからである。これはいくぶん極端な例であるが，以下では時間遅れを生じさせた光波の干渉を考えてみよう。

まず，図 5.1 のマイケルソン干渉計をあらためて**図 5.15** に示す。

ビームスプリッタで分けられた二つの光を $u_1(t)$ と $u_2(t)$ とする。$u_2(t)$ は $u_1(t)$ と同じ振幅であり，検出器に届く時間が τ だけ遅れているとする。τ は光路差 $L_1 - L_2$ とすると $\tau = (L_1 - L_2)/c$ で与えられる（c：光速）。検出器の上での光波の振幅 $u(t)$ は，重ね合せにより

$$u(t) = u_1(t) + u_1(t + \tau) \tag{5.37}$$

である。ただし，ここで考える光波は単純な単一正弦波だけではなく，短時間だけ続くパルス波形のような一般的な光波も含むものとする。検出器の応答周

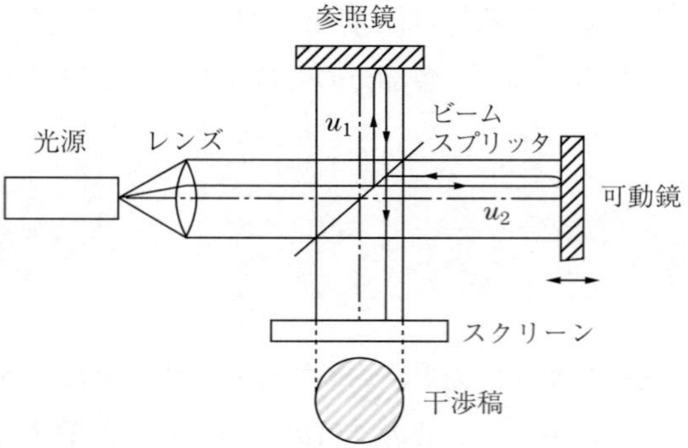

図 5.15　マイケルソン干渉計による時間的コヒーレンスの測定

波数は光波の周波数より十分低いので，光の強度は時間平均（平均は〈〉で表す）から求められる。

$$I = \langle u(t)u^*(t)\rangle = 2I_1 + 2\,\mathrm{Re}[\langle u_1^*(t)u_1(t+\tau)\rangle] \tag{5.38}$$

第 1 項は定数項である。第 2 項は干渉を表す項である。干渉を表す項はコヒーレンス関数 $\Gamma(\tau)$ として以下のように定義される。

$$\Gamma(\tau) = \langle u_1^*(t)u_1(t+\tau)\rangle = \lim_{T\to\infty}\int_{-T/2}^{T/2} u_1^*(t)u_1(t+\tau)dt \tag{5.39}$$

コヒーレンス関数は光波の複素電磁界の積の時間平均で，自己相関関数（複素自己コヒーレンス関数）である。時間的に無限に続く光波である場合には，コヒーレンス関数は式（5.39）の第 2 式で定義される。コヒーレンス関数を用いると干渉強度 $I(\tau)$ は

$$I(\tau) = 2I_1 + 2\,\mathrm{Re}[\Gamma(t)] \tag{5.40}$$

で表現される。

まず，光波として，単色正弦波の場合を考える。光波の振幅 $u_1(t)$ を

$$u_1(t) = a_1 \exp(-i\omega t) \tag{5.41}$$

と表し，式（5.39）よりコヒーレンス関数 Γ を計算すると

$$\Gamma(\tau) = |a_1|^2 \exp(-i\omega\tau) \tag{5.42}$$

つぎに式（5.40）に代入し，干渉強度 I を計算すると，$I_1 = |a_1|^2$ より

$$I(\tau) = 2I_1(1 + \cos\omega\tau) \tag{5.43}$$

式（5.43）は光強度が τ に対して正弦波的に変化することを示している。

ここで $\tau(=(L_1-L_2)/c)$ は光路差に相当するので，5.1節で行った解析の結果と同じものが得られた。

複素自己コヒーレンス関数を $\tau=0$ の値 $\Gamma(0)$ で規格化して

$$\gamma(\tau)=\frac{\Gamma(\tau)}{\Gamma(0)} \tag{5.44}$$

が得られる。

これは複素自己コヒーレンス度と呼ばれる。複素自己コヒーレンス度の大きさは1または1より小さい。複素自己コヒーレンス度は干渉項に関係しているので干渉の度合いを表す値である。

マイケルソンは干渉縞を観測して，干渉縞の強度の最大値 $I_{\max}$ と最小値 $I_{\min}$ を用いて干渉縞の可視度（コントラスト）V を以下のように定義した。

$$V=\frac{I_{\max}-I_{\min}}{I_{\max}+I_{\min}} \tag{5.45}$$

式（5.40）と（5.42）を用いると

$$\left.\begin{aligned}I_{\max}&=2I_1+2\,|\Gamma(\tau)|\\I_{\min}&=2I_1-2\,|\Gamma(\tau)|\end{aligned}\right\} \tag{5.46}$$

より，可視度 V は

$$V=\frac{|\Gamma(\tau)|}{I_1}=\frac{|\Gamma(\tau)|}{\Gamma(0)}=|\gamma(\tau)| \tag{5.47}$$

となる。同じ光強度の二つの光波の場合については，可視度は複素自己コヒーレンス度の大きさに等しい。

ここで式（5.41）に示した単色の正弦波の場合は $|\gamma|=1$ となる。$|\gamma|=1$ のとき光波は完全にコヒーレントであるという。また $0<|\gamma|<1$ の場合，部分的にコヒーレントという。$|\gamma|=0$ のときは完全にインコヒーレントという。したがって，干渉縞の可視度を測定することで，光波のコヒーレンスの状態を知ることができる。

つぎに，限られた時間だけ持続する正弦波の光波について考えてみよう。式(5.41)で示した光波が長さ L だけ続いている光波について考える。すなわち

$$u_1(t) = \begin{cases} a_1 \exp(-i\omega t) & \left(0 \le t \le \dfrac{L}{c}\right) \\ 0 & \left(t > \dfrac{L}{c}\right) \end{cases} \quad (5.48)$$

ここで c は光速とする。この光波を図 5.15 に示したマイケルソン干渉計に入射させると，ビームスプリッタで分離された光は異なる長さの光路を通過する。複素自己コヒーレンス関数は二つの光波の積の時間平均で与えられるが，光波は有限の時間しか存在しないので，積分範囲を二つの光波が存在する領域に限って考える。**図 5.16**(a)に示すような重なりを考えて積分を行うと

$$\gamma(\tau) = \left(1 - \frac{\tau}{L/c}\right) \exp(-i\omega\tau) \quad (5.49)$$

コントラスト V は

$$V = 1 - \frac{\tau}{L/c} \quad (5.50)$$

したがって，干渉縞のコントラストは時間差 τ の増加，すなわち，図 5.15 に示した干渉計の可動鏡を移動させて光路差を大きくして，二つの光波の重なりが少なくなるにつれて小さくなる。図 5.16(b)に時間差 τ の関数としてコントラスト V をグラフに表した。

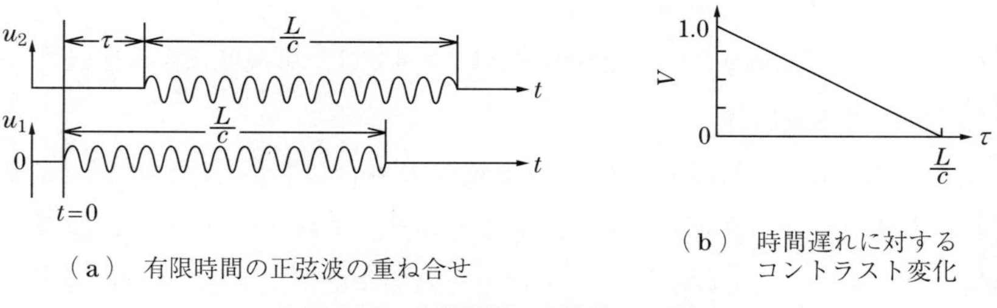

（a）　有限時間の正弦波の重ね合せ

（b）　時間遅れに対するコントラスト変化

図 5.16　有限時間の正弦波の干渉

さて，自然の光や人工的な光で十分に長い時間続く光波であっても，一般的には複素自己コヒーレンス関数の大きさは時間差 τ の増加とともに単調に減少する。これは，短い時間であれば光波の波形に相関があるが，光波の離れた部分の波形には相関がなくなるためである。相関がある光波の範囲を調べるこ

とで，その光波のコヒーレンス（時間的コヒーレンス）を定義できる。

時間差 τ を増加させてコントラストが $1/e$ になる時間 T_c を定義することができる。T_c はコヒーレンス時間と呼ばれる。光波の波形に自己相関がなくなるまでの時間である。マイケルソン干渉計では，コヒーレンス時間は干渉計の光路差に対応させることができるので，コヒーレントな光波の長さをコヒーレント長と呼び，以下のように定義できる。

$$L_c = cT_c \tag{5.51}$$

たとえ光波の長さが干渉計の光路差より十分長くとも，干渉縞が得られる光路差の範囲はおよそコヒーレンス長に等しい。

以上のコヒーレンスに関する考え方をさらに一般化して考える。**図 5.17** に示すように，広がりのある光源Sより離れた2点 P_1 と P_2 を考える。この2点において光波の複素相関関数を求める。光波は場所と時間の関数で，$u(\boldsymbol{r}_1, t)$，$u(\boldsymbol{r}_2, t+\tau)$ と表現すると（複素）相互コヒーレンス関数 Γ_{12} は

$$\begin{aligned}\Gamma_{12}(\boldsymbol{r}_1, \boldsymbol{r}_2, \tau) &= \langle u(\boldsymbol{r}_1, t+\tau)u^*(\boldsymbol{r}_2, t)\rangle \\ &= \lim_{T_m\to\infty}\frac{1}{T_m}\int_{-T_m/2}^{T_m/2} u(\boldsymbol{r}_1, t+\tau)u^*(\boldsymbol{r}_2, t)dt \end{aligned}\tag{5.52}$$

ここで，$\boldsymbol{r}_2$ を $\boldsymbol{r}_1$ に等しくすると，点 P_1 における自己コヒーレンス関数 Γ_{11}（式（5.39）の Γ に等しい）が得られる。同様に $\boldsymbol{r}_1$ を $\boldsymbol{r}_2$ に等しくすると，点 P_2 における自己コヒーレンス関数 Γ_{22} が得られる。これらを用いて，（複素）相互コヒーレンス度 γ_{12} は以下の式で定義される。

$$\gamma_{12}(\tau) = \frac{\Gamma_{12}(\tau)}{\sqrt{\Gamma_{11}(0)\Gamma_{22}(0)}} \tag{5.53}$$

$\Gamma_{11}(0)$ と $\Gamma_{22}(0)$ はそれぞれ点 P_1 と点 P_2 における時間差のない自己相関であるので，光強度に等しい。

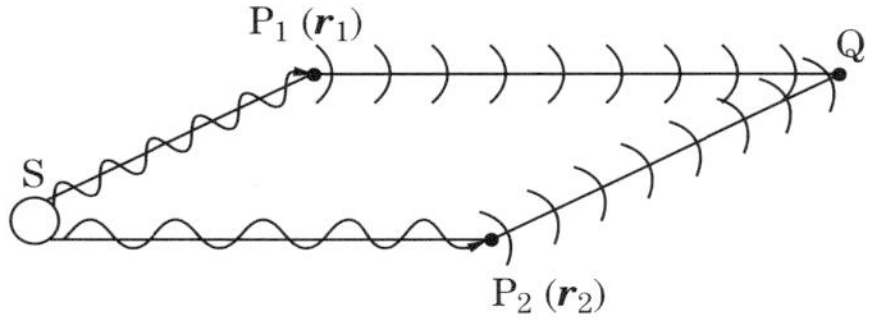

図 5.17 時間と空間に関するコヒーレンスの観測系

このように離れた2点における光波の相関を取ることで，2点における光波のコヒーレンスの状態を定量的に表すことができる。相互コヒーレンス関数には時間の遅れ τ も含まれているので，時間領域において異なる光波の相関の状態も含まれている。

P_1，P_2 にピンホールを置いて光を取り出して，適当な光学系で干渉させる。このとき，相互コヒーレンス度を用いて観測される干渉縞のコントラストを定義することができる。コントラスト V は

$$V = \frac{I_{\max} - I_{\min}}{I_{\max} + I_{\min}} = 2\frac{\sqrt{\Gamma_{11}(0)\Gamma_{22}(0)}}{\Gamma_{11}(0) + \Gamma_{22}(0)}|\gamma_{12}(\tau)| \tag{5.54}$$

で関係づけられる。したがって，相互コヒーレンス度と点 P_1 点 P_2 における光の強度を用いてコントラストが表現できる。

相互コヒーレンス度の絶対値 $|\gamma|$ が1である場合は完全にコヒーレントである，$0 < |\gamma| < 1$ である場合は部分的にコヒーレントと呼ばれる。また $|\gamma| = 0$ である場合はまったくコヒーレントでなく，インコヒーレントと呼ばれる。

相互コヒーレンス関数を表す式（5.52）において P_1 と P_2 の場所が同じときは，先に述べたように同じ光波の時間遅れに対するコヒーレンス，すなわち時間的コヒーレンスを表す式（5.39）と同じになる。

一方，空間の場所 P_1 と P_2 が異なるが，時間差 τ が0である場合は，空間の異なる点における光波のコヒーレンスを表すことになる。このときのコヒーレンスを空間的コヒーレンスと呼ぶ。空間的コヒーレンスは先に述べた時間的コヒーレンスと対をなす。空間的コヒーレンスの例はヤングの二つのスリットを用いた干渉実験で説明される。

図 5.18 に示すように光源から等しい距離に作られた二つの小さい開口（ピンホールまたはスリット）を考える。

光源から出た光は衝立上の2点 P_1 と P_2 を照射する。P_1 と P_2 は光源から等距離にあるので，到着する光波に時間差はない。P_1 と P_2 の開口を通り過ぎた光波はスクリーン上で重なる。このとき，スクリーンまでの距離はほぼ等しい

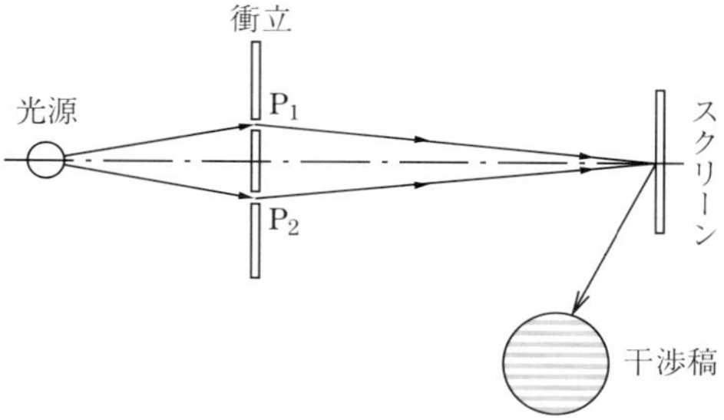

図 5.18 ヤングのダブルスリットによる空間的コヒーレンスの測定

ので，時間的な遅れは無視できる。二つの光波にコヒーレンスがあればスクリーン上に干渉縞が得られ，コヒーレンスがなければ干渉縞は得られない。

したがって，ヤングの干渉実験では，点 P_1 と点 P_2 における空間的なコヒーレンスを調べることができる。P_1 と P_2 のスリットの間の距離を小さくすると，一般にコントラストの高い干渉縞が得られ，距離を離していくとコントラストは劣化する。空間的なコヒーレンスを表す空間コヒーレンス関数 $\Gamma_{12}(\boldsymbol{r}_1,\ \boldsymbol{r}_2)$ は

$$\Gamma_{12}(\boldsymbol{r}_1,\ \boldsymbol{r}_2) = \langle u(\boldsymbol{r}_1,\ t)u^*(\boldsymbol{r}_2,\ t)\rangle \tag{5.55}$$

で与えられる。

5.8 代表的な干渉計

光源からの光を二つに分けて，再び重ね合わせることで干渉計が構成できる。古くより，種々の目的のため，いくつかの異なる干渉計が用いられてきた。

図 5.19 に代表的な干渉計を示す。よく用いられるマイケルソン干渉計は図 5.1 と図 5.15 に示したので，ここでは除いた。マイケルソン干渉計はハーフミラーにより平行光線を直角に二つに分けて光路を分離する。マイケルソン干渉計で分かれた光路の長さをほぼ等しくした干渉計を，トワイマン・グリーン干渉計と呼ぶ。一方の鏡に平面度の良い鏡を用い，他方の鏡のうねりを測定するために用いられてきた。

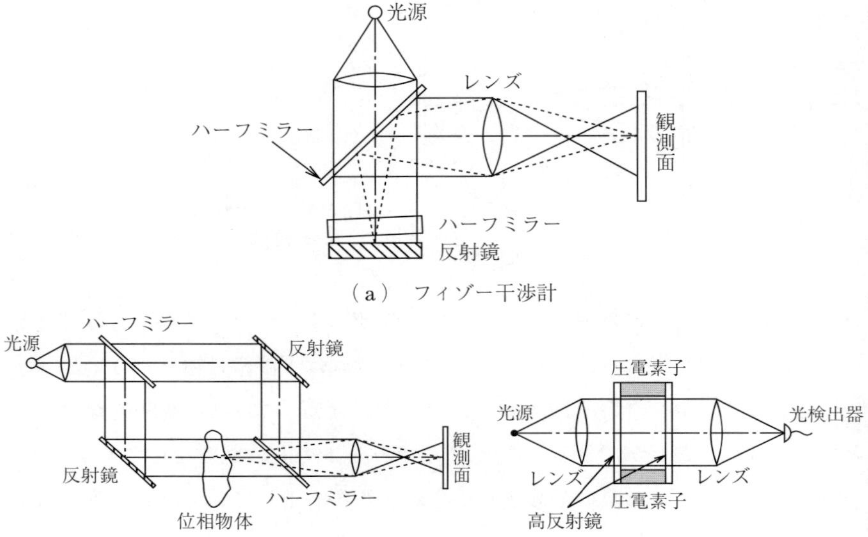

(b) マッハ・ツェンダー干渉計　　(c) ファブリー・ペロー干渉計

図 5.19　代表的な干渉計

図 5.19(a)はフィゾー干渉計の光学系である。フィゾー干渉計では光源より平行光線を作り，反射鏡の上にハーフミラーを重ね合わせた光学系に入射させる。ハーフミラーで反射された光線と鏡により反射された光線により干渉縞が得られる。二つの光路長が近いので，光源のコヒーレンスが幾分悪くとも干渉縞が得られる。また，二つの反射面での多重反射により細い線状の干渉縞が得られる。ガラス研磨面の検査などに用いられる。

検査において対象物形状と干渉縞を同時ににじみなく観察するには，図 5.19(a)の波線で示すようにレンズにより試料の面が観測面の上に結像するようにレンズを置く。トワイマン・グリーンの干渉計においても同様にレンズを用いて結像系を構成することで，形状検査が精度よく行える。

図 5.19(b)はマッハ・ツェンダー干渉計である。光路の途中に位相物体を置いて干渉計を構成する。飛翔体モデル周りの衝撃波の流れの可視化などの空気力学実験や燃焼実験などに用いられる。

図5.19(c)はファブリー・ペロー干渉計の構成を示す。高い反射率の平面鏡を平行度よく向かい合わせて構成する。図5.8と図5.9に示したように多重反射により細い線状の干渉縞が得られる。鋭い波長選択性を利用して，精密に波長を選択する分光器に用いられる。また，レーザの共振器も間隙は大きいがファブリー・ペロー干渉計である。

5.9　位相シフト干渉計

高い精度が得られることより，光学干渉計はしばしば表面形状測定に用いられる。近年，計算機の発達により干渉計で得られる干渉縞を計算機により解析する方法が発達している。**図5.20**に位相シフト干渉計の構成を示す。

位相シフト干渉計は干渉計の可動鏡をステップ的に移動させて，数枚の干渉縞画像を計算機の中に取り込む。それらの画像データから各測定点の位相を導出する。

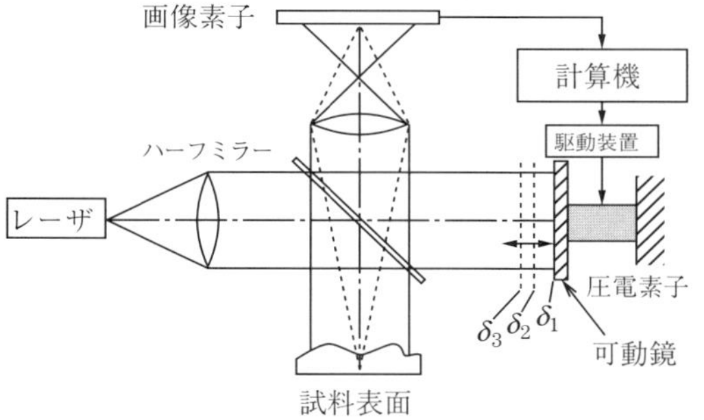

図5.20　位相シフト干渉計の構成

一般に干渉縞は以下の式で表現できる。

$$I(x,\ y) = I_0(x,\ y) + U(x,\ y)\cos[\phi(x,\ y) + \delta] \tag{5.56}$$

ここで，干渉縞のコントラストは $U(x,\ y)/I_0(x,\ y)$ で与えられる。表面形状は $\lambda\phi(x,\ y)/4\pi$ により計算できる。ここで，観測点 $(x,\ y)$ において I_0, U, ϕ の三つの値が未知であるので，これらを決定するためにはこの点における最低三つの方程式が得られればよい。そのために形状に関係しない位相 δ

を変えて，干渉強度 I を繰り返し測定する。一例として $\delta_1 = 0$，$\delta_2 = 2\pi/3$，$\delta_3 = -2\pi/3$ と選び，このときの干渉強度をそれぞれ I_1，I_2，I_3 とすると，I_0 と U を消去して

$$\phi(x,\ y) = \tan^{-1}\frac{\sqrt{3}(I_3 - I_2)}{2I_1 - I_2 - I_3} \tag{5.57}$$

が得られる。したがって，干渉強度の I_0 や U の値を知らなくとも，位相 δ を変えて得られる光強度 I_1，I_2，I_3 より $\phi(x,\ y)$ を求めることができる。ここで位相 δ をシフトさせるために可動鏡に圧電素子などを取り付ける。画像素子により，干渉画像を取り込む。各測定点において式（5.57）に示した演算を計算機で行って，形状を表す位相 $\phi(x,\ y)$ を導出する。**図 5.21** に位相シフト干渉計で測定された結果の例を示す。

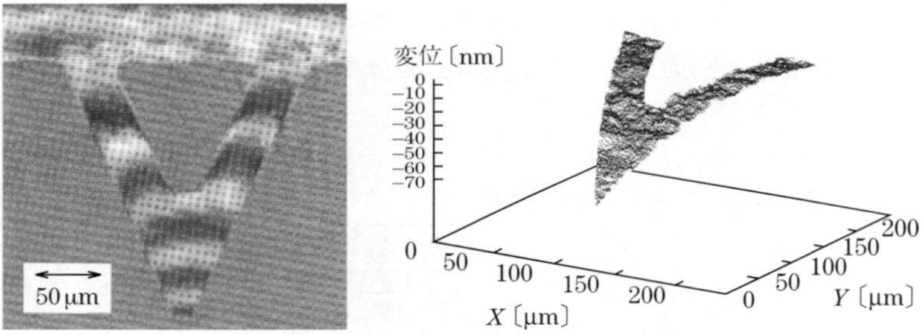

図 5.21　位相シフト干渉計による測定結果

5.10 レーザ測長器

レーザ干渉計を用いた測長は，工作機械などの精密機械の移動距離検出に用いられる。5.1 節において二光束の干渉について説明したが，干渉信号はミラーが半波長移動するごとに正弦波の周期信号を発生するので，周期の数をカウンタにより数えて，移動距離（変位）を測定できる。この場合，変位の分解能は半波長になる。

これに対して 2 周波数を発振するゼーマンレーザを用いた測長器は，微小な

位相差を周波数差から測定できるので高い分解能が得られる。内部鏡型 He-Ne レーザに磁場をかけて，レーザ準位のゼーマン分離を発生させると，磁場の方向により，100 Hz から 2 MHz 程度の周波数差をもったたがいに直交する直線偏光のレーザ光（周波数 ν_1 と ν_2）が得られる。二つの周波数の異なる光を用いる干渉計はヘテロダイン干渉計と呼ばれる（これに対して，一つの周波数の光源を用いる干渉計はホモダイン干渉計と呼ばれる）。

図 5.22 にヘテロダイン干渉計による測長器の原理を示す。2 周波数の光を偏光ビームスプリッタにより分離し，それぞれ固定鏡，可動鏡に入射させる。反射して戻ってきた光の偏光方向に対して 45° 方向に向けた偏光子を通して干渉させる。

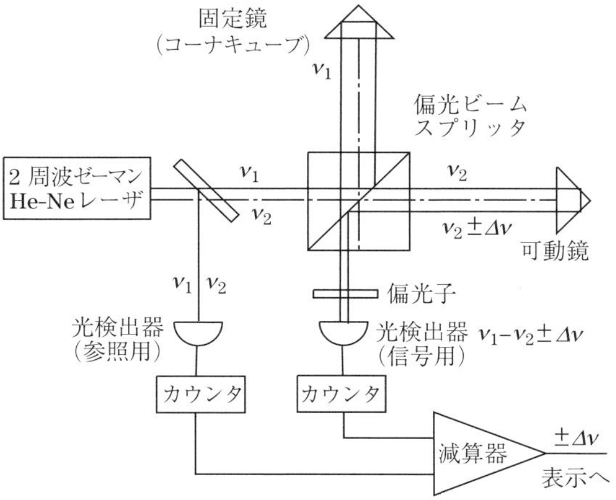

図 5.22 ヘテロダイン干渉計による測長器

5.3 節に，干渉によるビートについて述べたが，干渉信号は可動鏡が静止状態でも，差周波数のビートの信号が得られる。ビート周波数はカウンタにより計測する。可動鏡が速度 v で移動するとき，ドップラー効果により，反射光の周波数は $2v/c$（c は光速）だけ変化する。

したがって，鏡が静止状態のとき得られるビート周波数よりドップラー効果の周波数分 $2v/c$ だけカウンタの計数が変化する。静止状態に得られるビート周波数を基準にして，可動鏡からの反射光のビート周波数の変化を求め，積分する。周波数差は速度に比例するので，積分値から変位が得られる。測定の分解能としては 10 nm レベルである。干渉計による測長は，空気の揺らぎや，温度による密度変化の影響を受けるので，精度の高い測定には，これらの補正が必要である。

5.11 光ジャイロ

ジャイロは回転角速度を検出するセンサであるが，姿勢センサや移動体のナビゲーションに用いられる。機械式のジャイロでは，回転するコマに働くコリオリの力を検出する。光ジャイロは光の干渉を利用し，きわめて感度の高い回転角速度センサとして，航空機などのナビゲーションに用いられている。

最近では，光ファイバを用いた小形で外乱にも耐性がある光ファイバジャイロが開発され，車やロボットなどの方向や姿勢検出にも利用できるようになった。光ジャイロは干渉計の一種で，特別な光学系により構成される。光ジャイロの原理はサニャック効果である。

図 5.23 によりサニャック効果を説明する。リング状の光学系を右回りと左回りの光を伝搬させる。光学系が静止していると，一周を伝搬するのに要する時間は，右回りと左回りの光で同じである。リング状の光学系が一定の角速度 Ω により右回りに回転すると，出発点より左回りに回る光は右回りの光より

図 5.23　サニャック効果の説明図

短い時間で到達点に達する。この二つの光の時間差 $\varDelta t$ は

$$\varDelta t = \frac{4\pi R^2}{c^2}\,\Omega \tag{5.58}$$

で与えられる。ここで R は光路の半径，c は光速である。伝搬時間差 $\varDelta t$ は見かけ上，左右の周回光の光路差 $\varDelta d$ として観測され，光路が囲む面積を S とすると

$$\varDelta d = \frac{4\pi R^2}{c}\,\Omega = \frac{4S}{c}\,\Omega \tag{5.59}$$

により与えられる。

航空機の慣性航法には 10^{-3} から 10^{-1}〔°/h〕のきわめて小さな回転速度を検出する必要がある。航空機に用いられているリングレーザジャイロの構造を**図 5.24** に示す。

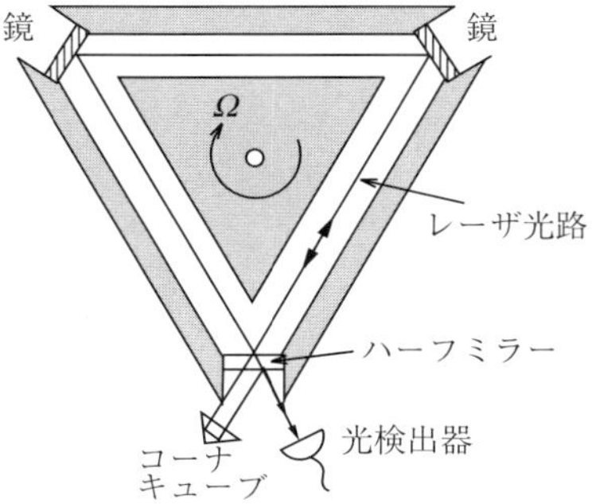

図 5.24 リングレーザジャイロの構造

リングレーザはレーザ共振器が周回するループとして構成されたレーザである。光路に He と Ne ガスを封じて，電圧を印加することで放電によりレーザ発振させる。レーザがループ状光路で左右の周回方向に発振する。レーザ光はハーフミラーから取り出され，重ね合わされる。このとき，光路差 $\varDelta d$ に対応して両方向のレーザの発振周波数差 $\varDelta f$ が生じる。

$$\varDelta f = f\,\frac{\varDelta d}{d} = \frac{4S}{\lambda d}\,\Omega \tag{5.60}$$

ここで，f はレーザの発振周波数，d は一周の光路，λ は波長である。検出器

上には移動する干渉縞が観測され，周波数差 Δf の正弦波信号が観測される。周波数 Δf をカウンタ回路により計数することで，回転角速度を測定することができる。

5.12 ホログラフィー

ホログラフィーは波面の記録技術として 1948 年に Gabor により発明された。ホログラフィーは干渉により光の波面の振幅と位相を記録し，回折により記録した波面を再生する技術である。立体情報の記録，立体映像の再生，回折光学素子などに用いられる。従来の写真技術ではレンズにより物体の像をフィルム面に結像させて記録するのに対して，ホログラフィーでは干渉縞を記録するので，物体の像を記録するわけではない。**図 5.25** を用いてホログラフィーの記録と再生原理について説明する。

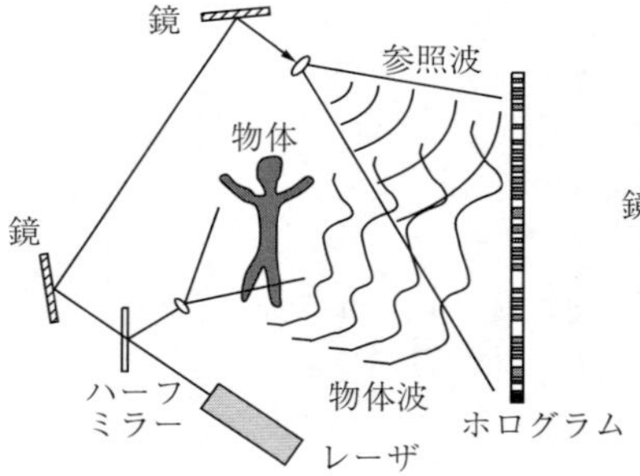

（a） ホログラフィーによる記録

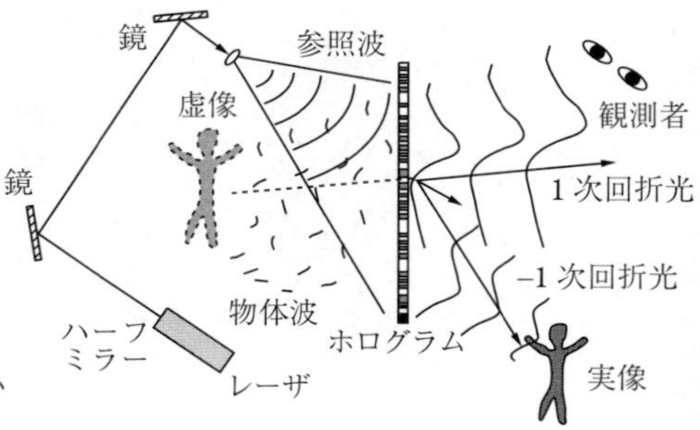

（b） ホログラフィーによる再生

図 5.25　ホログラフィーの記録と再生原理

ホログラムの記録においては，図 5.25(a)に示すように，レーザ光を二つに分けて物体と記録用フィルムを照射する。フィルムは記録・現像後にホログラムとなる。物体を照射した光は物体から散乱されて，フィルムに物体光として到達する。一方のレーザ光は，参照光としてレンズにより広げられてフィルムに届く。物体光と参照光は重なり合い，フィルムに届いた波面を干渉縞によ

り記録する。物体光と参照光をそれぞれ

$$\left.\begin{array}{l} A(x,\ y)\exp[i\phi_A(x,\ y)] \\ R(x,\ y)\exp[i\phi_R(x,\ y)] \end{array}\right\} \tag{5.61}$$

とすると，フィルムに記録される干渉縞の強度 $I(x,\ y)$ は

$$\begin{aligned} I(x,\ y) &= |A\exp(i\phi_A) + R\exp(i\phi_R)|^2 \\ &= |A|^2 + |R|^2 + R^*A\exp[i(\phi_A - \phi_R)] \\ &\quad + RA^*\exp[-i(\phi_A - \phi_R)] \end{aligned} \tag{5.62}$$

したがって，干渉縞には二つの光の振幅だけでなく，位相差の値が含まれている。フィルムの露光量 E と現像後の光の透過率 t との関係を表したグラフは t - E 曲線と呼ばれるが，現像後の振幅透過率は

$$t(x,\ y) = t_0 + \beta TI(x,\ y) \tag{5.63}$$

で関係づけられる。ここで，t_0 はバイアス透過率，β は t - E 曲線の傾き，T は露光時間である。したがって，現像後のフィルムの透過率は以下の式で表される。

$$\begin{aligned} t(x,\ y) = t_0 + \beta T\{|A|^2 + |R|^2 + R^*A\exp[i(\phi_A - \phi_R)] \\ + RA^*\exp[-i(\phi_A - \phi_R)]\} \end{aligned} \tag{5.64}$$

このような干渉縞を記録したフィルムをホログラムと呼ぶ。

製作したホログラムから立体像を再生する原理を図 5.25(b)により説明する。ホログラムを記録したときと同じ位置において，参照光を照射する。ホログラムに記録された干渉縞は回折格子として作用する。回折格子は ±1 次回折光を発生させるが，回折格子の周期や位相は場所により異なるので，ホログラムに記録されている特別な波面を再生する。

図 5.25(b)において+1 次回折光は図の上方に回折する光を発生させるが，その波面の伝搬を逆にたどると，物体のあった位置に虚像が形成される。+1 次回折光が目に入ると，物体は実在しなくとも，物体から出た波面と同じ波面が目に入るので，立体的な虚像を観測できる。一方，−1 次光は図中で下方に進み，実像を形成する。

以上の再生の過程を数式により表現することを考える。ホログラムの透過率は式（5.64）で表されるので，再生において参照光を照射した状況は，式（5.61）の参照光と透過率の積をとり，下式のように表現できる。

$$
\begin{aligned}
&R\exp(i\phi_R)\cdot t(x,\ y)\\
&\quad = [t_0 + \beta T(|A|^2 + |R|^2)]R\exp(i\phi_R) + \beta T\,|R|^2 A\exp(i\phi_A)\\
&\qquad + \beta T R^2 A^* \exp(-i\phi_A + 2i\phi_R)
\end{aligned}
\tag{5.65}
$$

上式の右辺第2項は係数を除いて物体波の波面と同じものとなるので，この波面を見るとき，あたかも物体があるように見える。物体からの波面とまったく同じ波面が再生されているので，物体は立体的に見える。右辺の第3項では物体の位相項 ϕ_A の符号が逆になっており，共役像と呼ばれる実像を表す。

以下では簡単な例として点光源よりできるホログラムについて考えてみよう。**図 5.26** は点光源からの球面波と平面の参照波を干渉させて記録される干渉縞，すなわちホログラムを示している。球面波が平面波と重なる場合，同位相となる位置はフィルムの中心から離れるに従って狭い間隔で現れるので，干渉縞は図 5.26 に示すように間隔がだんだん狭くなる多重のリングとなる。このリングパターンはフレネルゾーンプレートとも呼ばれ，集光作用をもつ。

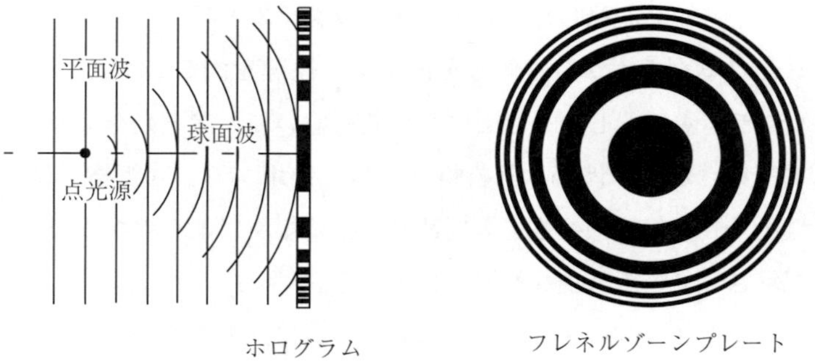

図 5.26　点光源のホログラム

図 5.27 に示すように，このホログラムに平面波を照射すると回折波を発生する。外側のリングではリングの間隔が狭いので周期の小さい回折格子として作用するが，中心部分に近づくにつれて，リングの間隔が広くなるので，大き

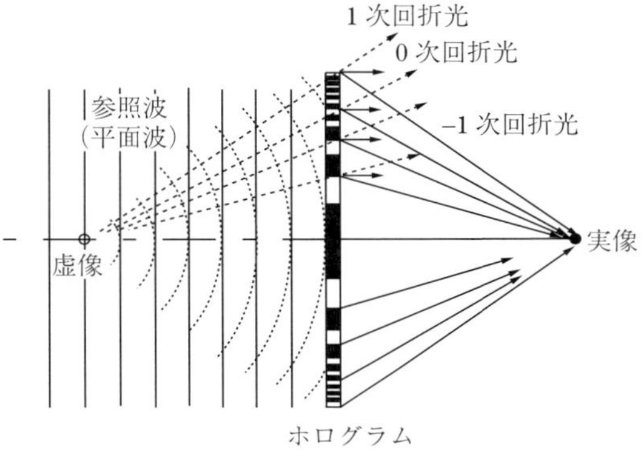

図 5.27 点光源のホログラムの再生

な周期の回折格子として作用する。小さい周期の回折格子からの回折角は大きい周期の回折格子からの回折角に較べて大きいので，リングの外側に入射した光は内側の光より大きく曲げられる。したがってこれらの −1 次光は一点に収束し，実像を形成する。

一方，+1 次の回折光は外側のリングほど外側に大きく回折するので，それら+1 次回折光は，あたかも一点から来たように広がる。したがってこの光線を見るとき，図 5.27 に示すような虚像が見える。この点がホログラムにより再生された点光源である。

実像は平面波が点光源ホログラムを透過して収束した結果得られる共役像であるが，点像となるのでホログラムは凸レンズと同様に集光作用をもつ。レンズは光の屈折により光線を集光させるが，この場合は回折により光を集光する。回折効果により光を集光させたり，方向を変えたりできるので，このような光学素子を回折光学素子と呼ぶ。特に，ホログラフィーの技術により製作した回折光学素子をホログラム素子と呼ぶ。

ホログラム素子として，バーコードリーダ用に考えられた光スキャナの基礎原理を**図 5.28** に示す。フレネルゾーンプレートの一部を切り出して円形に張り合わせ，モータにより回転させる。レーザ光を照射するとホログラムで回折された光は集光するとともに，モータの回転とともに角度が変わり走査される。反射光の光量を測定してバーコードを読み取る。実際のホログラム素子で

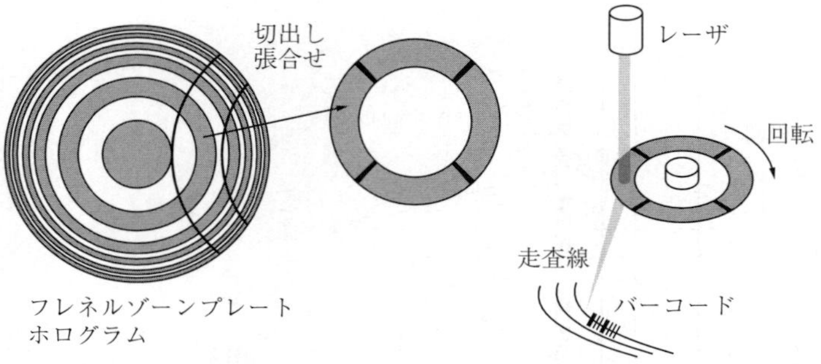

図 5.28　バーコードリーダの光スキャナ基礎原理

は収差を補正し，走査速度を調節するなどさらに工夫が凝らされている。

演　習　問　題

【1】 単一波長の光源を用いた二光束干渉計において，光路差は一定であるが，光源の波長を連続的に変えたとき，干渉強度はどのように変化するか。

【2】 単一波長の二光束干渉計において，反射鏡を一定速度 v で移動させたとき，干渉強度は一定周期で時間的に変動する。その周波数はどれだけか。

【3】 ヘテロダイン干渉計において 100 MHz の干渉ビートを観測するためには，二つの光の波長差はどれだけか。ただし光源の波長は 500 nm 近傍とする。

【4】 式（5.7）において $d(x, y) = cx$ である場合はどのような干渉縞が現れるか。図 5.4 を参考にして図示せよ。このとき，試料の面の傾きはどのようにして求められるか。

【5】 平面鏡により球面波が反射されるとき，鏡の前の空間にはどのような干渉縞が形成されるか述べよ。

【6】 1 mm の直径のレーザビームを粗面に照射して，粗面から 1 m 離れたところで観測されるスペックルの平均的な大きさ（直径と長さ）を見積もれ。レーザの波長は 500 nm とする。

【7】 正弦波振動する物体に鏡を取り付けて，二光束干渉計を構成して干渉強度を測定した。どのような信号波形が得られるか。振動振幅が波長より十分小さいとき，および波長よりかなり大きいときに分けて述べよ。

6

光　導　波　路

6.1　光を閉じこめて伝送する

通称「テレビ石」と呼ばれる不思議な石を博物館などのおみやげ店で見かける場合がある。この石の正式名称は「ウレキサイト」である。一つの方向にそろった柱状の透明結晶構造でできており，柱状結晶の方向に垂直に切り，断面をきれいに研いて，文字や絵の書かれた紙面に置くと紙面の文字が石のもう一方の面に浮き出て表れて，あたかもその面に文字や絵が書かれているように見える。

図 6.1 にこの石の構造と画像伝送の写真を示す。細い柱状の結晶の中を入射した光が閉じこめられて伝送されるため，文字や図形がもう一方の面に伝送さ

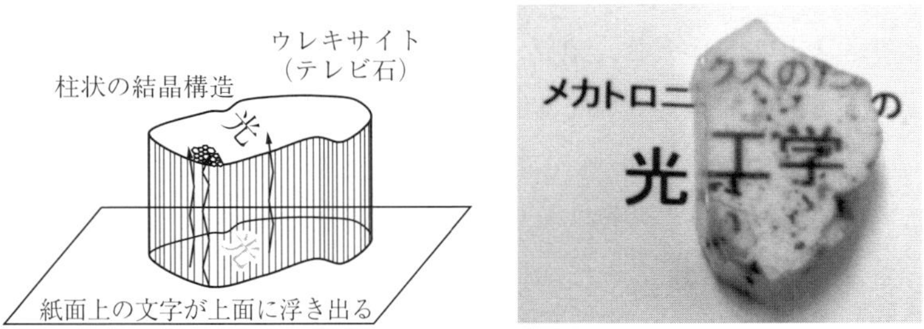

図 6.1　ウレキサイトの構造と画像の伝送

れる。このような画像や光量の伝送は，現在では細い光ファイバの束により実現されている。古代の石棺の中を細い穴からのぞいて調べる場合や，胃の中を撮影するときに用いられるファイバスコープとして用いられている。

自由空間では光は直進するが，光をファイバの中に閉じこめることで，ファイバを曲げて自由に光を伝送できる。光ファイバは高速で大容量の光通信における重要な伝送路であり，レーザ加工の光伝送などにも用いられている。

6.2 光ファイバの基本構造と光の伝搬

光ファイバは**図 6.2** に示すように円柱状ガラスでできているが，コアと呼ばれる部分と，その周りにコアより低い屈折率でできたクラッドと呼ばれる部分で構成されている。

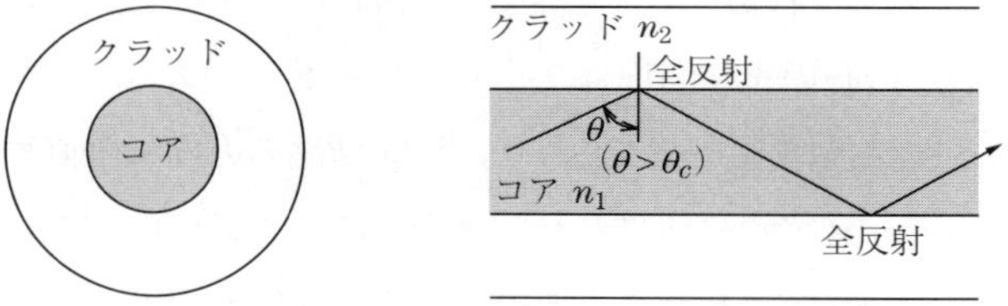

図 6.2　光ファイバの断面構造と全反射による光の伝搬

ここでは，コアの部分の屈折率は一様で n_1 とする。またクラッドの部分も一様な屈折率 n_2 の材料で構成されているとする。コアとクラッドの境界においては屈折率が n_1 から n_2 に不連続に変化する。コアの屈折率 n_1 がクラッドの屈折率 n_2 より大きいとき，境界に入射した光線の入射角 θ が全反射の臨界角 θ_c より大きいならば，光線は全反射によりコアの内側に反射される。同様に反対側のコアとクラッドの境界においても全反射が生じ，ファイバがまっすぐな場合，反射が繰り返されて光はコアの中に閉じこめられて伝搬する。全反射により光がコアから漏れずに伝搬する条件は

$$\sin\theta > \sin\theta_c = \frac{n_2}{n_1} \tag{6.1}$$

で与えられる。例えば屈折率 $n_1 = 1.51$ で $n_2 = 1.5$ である場合，臨界角は $83.4°$ となる。

つぎに光通信で重要なファイバ内の光線の伝搬時間について考えてみよう。入射角 θ は臨界角 θ_c より大きく，90°より小さい範囲で光ファイバの中を光が伝搬できる。しかし，θ が 90°に近い光線は光軸にほぼ平行に進むので，反射を繰り返して進む光線に比べてファイバの出口に早く到達する。光軸上の光線がファイバを透過するのに要する時間を T とすると，臨界角より大きい反射角で反射を繰り返して透過する光線は，以下の式で与えられる時間 $\varDelta T$ だけ余分の時間がかかる。

$$T + \varDelta T = \frac{T}{\sin\theta} \tag{6.2}$$

この遅れ時間は光ファイバ通信の通信速度を決める。光通信においては，発光ダイオードや半導体レーザなどの光源の電流を切ったり入れたりして光強度を変調し，ディジタル信号として送る。どこまで高い周波数で変調できるかが通信速度を決めるが，ファイバの出力端でパルス幅が広がって重ならないことが必要である。このことから通信可能な最大の変調周波数は $\varDelta T$ の逆数で与えられる。例えば $n_1 = 1.5$ で $n_1 - n_2 = 0.01$ の場合，1 km の距離を通信できるためには最大変調周波数は 30 MHz となる。最大変調周波数は光ファイバが長くなるとともに小さくなる。

実際のファイバにおいて，長い光路を伝搬させると，臨界角に近い角度で反射を繰り返す光線は光路が長くなるため大きな損失を受ける。また散乱のため，中心付近の光線とコアの周辺部を通る光線で光路が入れ替わることなどが生じるので，式（6.2）で予測されるよりいくぶん大きくなり，$\varDelta T$ は長さの 1 乗でなく 1/2 乗に比例する。

光導波路のコアの直径が 20 μm くらいに小さくなると，光線による考察は導波路を伝搬する光を説明するには不十分になる。特にコアの径が 10 μm 程度である単一モードファイバの場合は後に述べるように特別な光波のみ伝搬する。単一モードファイバの場合，1 km の伝送に対して変調の最大周波数は 1

THz 以上となり，高い伝送容量が得られる。光通信に用いられるファイバはきわめて透明度の高いものである。実用化されている光通信用ファイバの損失は，石英ガラスを用いた最も良いもので 0.154 dB/km である（1 km 進むと $10^{-0.154/10} = 0.965$ 倍に強度が減衰する）。

6.3　光導波路におけるモード

光ファイバの中では光は反射を繰り返して閉じこめられている。光軸に垂直な方向について考えると，光は往復反射を繰り返している。往復反射を繰り返すと，光波は干渉し合って定在波を発生させる。定在波は境界条件，すなわち反射面の間の距離により決まる特定の波長で発生する。

板の機械振動との類似性を考えて，光導波路のモードについて理解してみよう。四方を固定した長方形の薄い板に振動を加え，しばらく時間が経つと特定の周波数で持続する振動が発生する。この現象をもう少し詳しく見てみると，板の一部に加えた刺激は**図 6.3**（a）に示すように四方八方に音速で広がる。

板の縁で反射した波の一部は入射する波と重なり合う。このとき波の位相が一致すれば，波の振幅を強め合い，逆位相になれば打ち消し合う。板の縁での反射を繰り返すと強め合う波だけが持続できる。このようにして，板の振動分

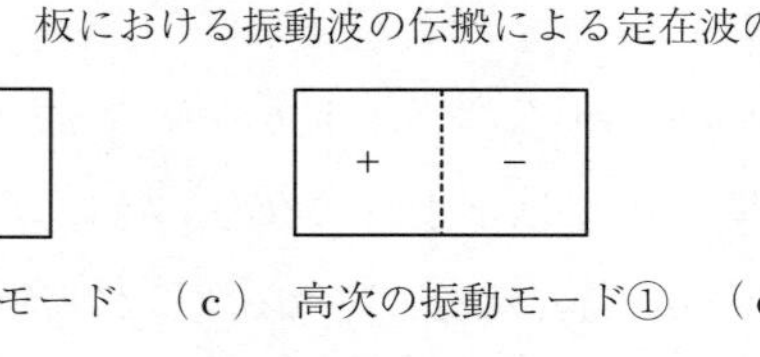

（a）　板における振動波の伝搬による定在波の発生

（b）　最低の振動モード　（c）　高次の振動モード①　（d）　高次の振動モード②

図 6.3　板の振動（定在波の発生）

布（定在波）が形成される。

図 6.3(b)〜(d) に代表的な定在波振動分布を示す。ここで＋は紙面に上向きの変位，－は下向きの変位を示し，定在波の周波数（固有振動数）で変位の符号＋－は入れ替わる。長方形の板の場合は，二組の平行な固定された周囲の辺が振動の節になるように振動分布が形成される。このため，定在波振動が形成される振動周波数は不連続になる。

つぎに光導波路について考えてみよう。まず屈折率が n_1 の板状の領域が屈折率 $n_2(> n_1)$ の媒質で囲まれた板状（スラブ）光導波路を考える。簡単のために，**図 6.4** に示すような光線を考える。

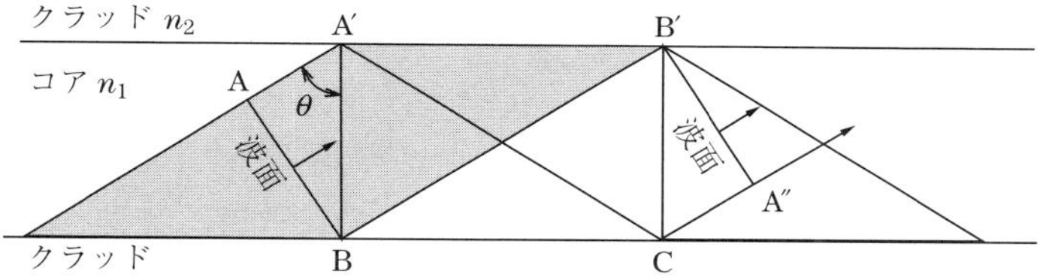

図 6.4 平面波光束の導波路中の伝搬

屈折率の境界で反射と屈折が生じる。n_1 が n_2 より大きいので，入射角が臨界角より大きいと境界で光線は全反射される。全反射では光のエネルギーの損失はないので，光は反射を繰り返して前方に伝搬する。光線の幅を広くして屈折率 n_1 の領域の厚さ d と同じ程度にすると，光線は反射により重なり合う。光線に垂直な平面波を考えると，平面波は図 6.4 に示すように屈折率の境界付近で折り返し，重なり合う。

AB の幅をもった光束が角度 θ で上の境界面に入射する。点 A と点 B の位相は同じで平面波の同じ波面上にあるとする。光束の一方の端の点 A を通った光線は点 A′で反射され，もう一方の端の点 B を通る光線は点 B′に達する。点 A を通った光線は点 A′で反射されて，点 C で反射されて点 A″に達するとき B′の点と同じ波面上にある。ここで点 A を通って点 A″に至る光線は点 B を通り点 B′に至る光線より長い距離を通る。

重なり合った平面波は干渉し，入射角度により打ち消し合ったり，強め合ったりする。重なる光波が打ち消し合わないためには，点 A″と点 B′で同じ位相であることが必要である。反射を繰り返して十分に長い距離を伝搬すると，打ち消し合う条件の光は消滅してしまい，反射して干渉により強め合う条件の入射角度の光だけが遠方まで伝搬できる。図 6.4 に示した反射の条件において，上の面と下の面で 1 回ずつ反射した光線（光線 AA′CA″）と直進した光線（BB′）の光路差は

$$\Phi = \frac{4\pi d}{\lambda}\cos\theta \tag{6.3}$$

で与えられる。θ は入射角である。ここで，反射による位相のずれを δ として，点 A″と点 B′で位相差が 2π の整数倍であるとすると

$$\Phi_M = 2\pi M = \frac{4\pi d}{\lambda}\cos\theta - 2\delta \tag{6.4}$$

δ は 0 と $\pi/2$ の範囲の値をとる。入射角が臨界角に近いとき $\delta = 0$ に近づき，$\pi/2$ に近づくと $\delta = \pi/2$ となる。光路差が波長の整数倍になるとき干渉により光強度は強め合う。そうでないときは，打ち消し合って光は存在できなくなる。したがって，光が存在できる条件は，とびとびの入射角度のときとなる。式（6.4）で表された条件をモードと呼ぶ。M は整数でモードの次数を表す。

光の進行方向に垂直な方向には光は往復反射を繰り返しているので，5.5 節のファブリー・ペロー干渉計で説明したように，コヒーレントな光波である場合，定在波を形成する。**図 6.5** に M が 0，1，2 の場合における光振幅分布の概略を示す。

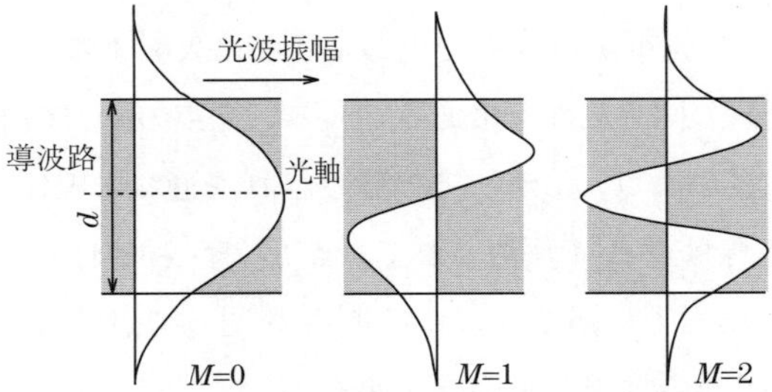

図 6.5　低次モードの光振幅分布の概略

光振幅は媒質の境界で0に近づくが，一部の光は境界の外部にもしみ出している（エバネッセント波）。板の振動の例と同じく，対向する境界による反射のため $M=0$ では中央に定在波の腹，両端に二つの節のある分布となる。$M=1$ では二つの腹と三つの節を生じる。このように，高次のモードになるほど多くの腹と節をもつ。モードの数は光線が臨界角 θ_c に達するまでにとりうる M の数による。モードの数は式（6.4）より

$$M=\frac{2d}{\lambda}\cos\theta_c-\frac{\delta}{\pi} \tag{6.5}$$

で与えられる。導波路の厚さ d を小さくすると $M=0$ のみしか存在できない条件が存在する。このとき，導波できるモードは一つとなり，シングルモード導波路と呼ばれる。これに対して，多数のモードが伝搬できる導波路を多モード導波路と呼ぶ。

多モード導波路では，それぞれのモードの入射角度が異なるため，光軸方向への進行速度がモードにより異なる。このため短い時間だけ発光するパルス光を伝搬させると，伝搬するに従ってパルスの幅が広がる。これに対してシングルモードの場合は，パルス幅は広がらない。このため，高速で容量の大きい光通信を行うには，シングルモードの導波路（ファイバ）を利用する。

1方向に屈折率の境界のある場合について考えたが，x と y の2方向で境界をもつ場合も同様に考えることができる。長方形の断面をもつ導波路の場合，x および y 方向で反射が生じて両方向の境界で節をもつ定在波が発生する。導波路の断面において，長方形板の振動と同様に2方向に節と腹をもつ定在波分布となる。したがって，一つの定在波の条件を表すために二つの整数（M，N）を必要とする。M，N はそれぞれの方向でのモードの次数である。

円形導波路の場合にも，コアとクラッドの境の円筒面が境界面となり，図6.4で考えた平面状導波路と同様にモードが存在する。周囲固定の円盤の振動から類推できるように，最も低いモードは軸上で光波の振幅が最大となり，コアとクラッドの境界に近づくと振幅が0に滑らかに近づく分布となる。高次のモードでは定在波の節の数が増える。

6.4　光ファイバ通信

光ファイバの最も重要な応用は通信である。通信で伝送できる情報量は搬送波の周波数が高いほど多くなる。光の周波数は通信用変調周波数より格段に高いので，大量の情報を伝送できる。できるだけ多くの情報を1本の光ファイバで送るために，通信方式が工夫されている。

光のパルスのある，なしにより1，0に対応するディジタル信号を送る。パルスの発生周波数は数十 GHz から将来は 100 GHz で行える。時間分割で異なる情報を多重にできる（時間分割多重方式）。さらに，容量を増やすために，1本のファイバに波長の異なる光を導入する方式（波長多重方式）が用いられている（**図 6.6**）。

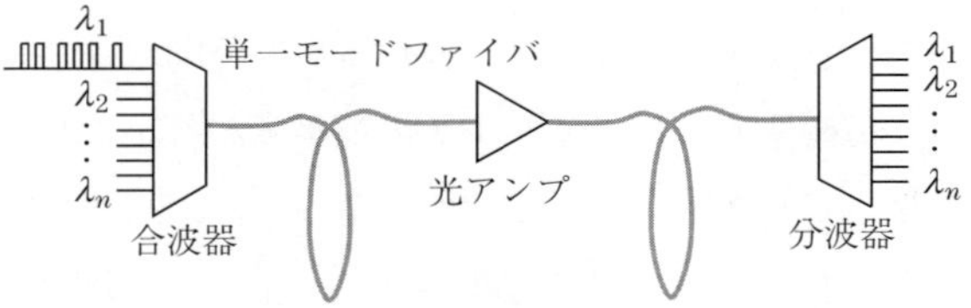

図 6.6　波長多重光通信方式

光ファイバの材料は石英ガラスであるが，材料の特性で，1.5 μm 付近の波長において最も損失が少なく伝送できる。光の増幅器として，エルビウムを添加したファイバアンプが利用されるが，アンプの増幅帯域から，通信には 1.3 μm 帯と 1.5 μm 帯の領域が利用できる。一つの帯域内で異なる波長の光を同時に増幅できるので，多重の数だけ通信容量を倍増できる。合波器により等間隔で波長の異なる光を重ねて一つのファイバに導入する。多重の光は受信端で分波器（分光器の一種）で分離される。1 nm より狭い波長間隔で，数十から 100 くらいの波長を多重化できる。

このように高速，大容量の伝送が目的の光通信において光ファイバに要求される課題は，パルスの伝送速度がつねに一定であること，パルスの幅が伝送中に広がらないこと，多重の信号間に相互作用がないことなどである。パルスの伝送速度はファイバのモードにより異なるので，光通信には単一モードのファイバが用いられる。

パルス幅が広がらずに伝送できるためには，ファイバの色分散がないことが必要である。パルス波は周波数領域で考えると，ある帯域の周波数を含んでいるので，分散すなわち光周波数における速度の違いがあると，パルスが伝搬するに従い各周波数の位相がずれてパルスの幅が広がる。現在，通信に用いられる特定波長において分散のない通信用のファイバが開発されている。通信用ファイバのコアの直径は約 10 μm であるので，波長多重化により，コアの中での光強度はかなり高くなる。コア材料の光非線形効果が発生すると多重波長間の信号に相互作用が発生するため，クロストーク（相互の通信漏れ）が発生する。これを避けるために，コア内の光強度は制限される。

6.5 光ファイバを用いた計測

光は自由空間で直進するので，必要な場所に光を導入するには鏡の反射を繰り返して導くが，鏡の数が多くなると光学系の調節は困難になる。光ファイバを用いると，ファイバを自由に曲げて，狭いところにも光を運ぶことができる。本節では光ファイバを利用した計測やセンサについて述べる。まずはじめにファイバへの光の導入方法について述べる。

6.5.1 ファイバとの結合

光ファイバを用いるとき，まず，必要となることはファイバへの光の導入である。ファイバのコアの直径は小さい（通信用単一モードファイバでコア径約 10 μm）ので，導入には集光レンズを用いる。**図 6.7** に示すように平行光をレンズにてコアに集光する。幾何光学的に光線の伝搬を考えると，レンズの外側より入射する光線が図 6.7 に示すようにコアとクラッドの境界で全反射により閉じこめられるためには，反射角 θ が全反射の臨界角 θ_c より大きいこと（θ

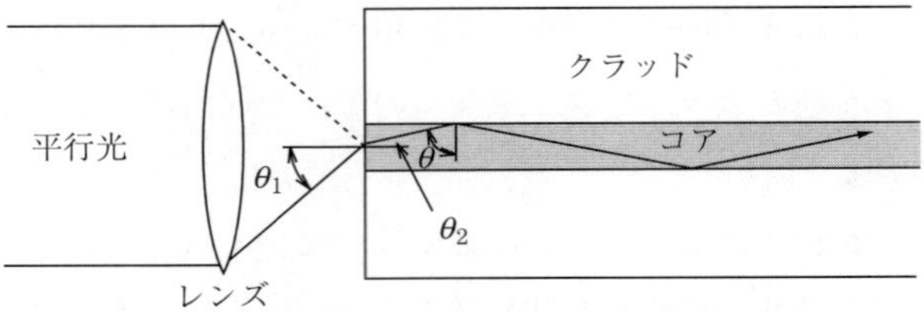

図 6.7　ファイバのコアへの光の導入

$> \theta_c$) が必要である。したがって

$$\sin\theta_1 < \frac{n_2}{n_1}\cos\theta_c \tag{6.6}$$

レンズの開口数 NA を $NA \approx \sin\theta_1$ と近似することで，ファイバのコアに光を入射するのに適したレンズの NA を決めることができる。

また，ファイバへの光の導入を別のファイバから行う場合には，ファイバのコネクタを用いる。コネクタにはいくつかの種類があるが，損失の少ない結合方法として，**図 6.8** に示したようにファイバ先端をわずかに球面に研磨して押し付けて接続する方法が利用されている。コアとコアが押し付けられて隙間なく接続されるため，損失の少ない接続が行える。実際には，フェルールと呼ばれる円筒状の支持具によりファイバが固定されており，しっかりと接続できるようになっている。

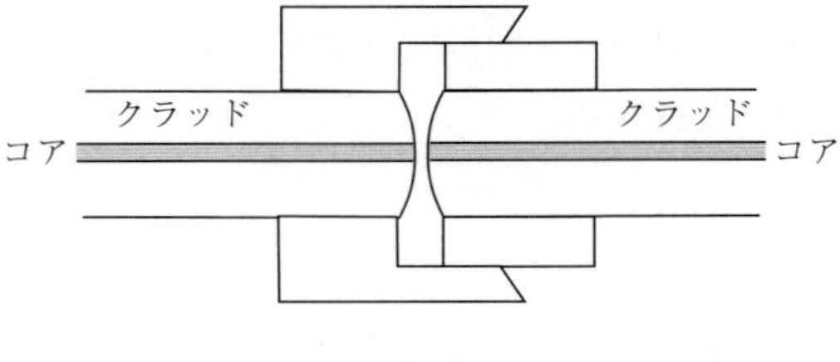

図 6.8　ファイバの接続方法

6.5.2　ファイババンドルによる照明，画像の伝送

光ファイバの中では光線はコアの中に閉じこめられて伝送されるので，ファイバの束を用いれば照明光や画像を伝送できる。ファイバは曲げることができるので，狭い場所でも用いることができる。

図 6.9 に示すように画像の伝送においては，入力側の画素の配置と出力側の画素の配置が対応している必要があるので，ファイバの束を製作するときの配置が重要である。これに対して，照明にファイバの束を用いるときは，入力側のファイバの配置と出力側の配置に対応がなくてもよい。入力側と出力側のファイバ配置を，例えば円形から線状に変えることで照明の光量分布を変換することもできる。

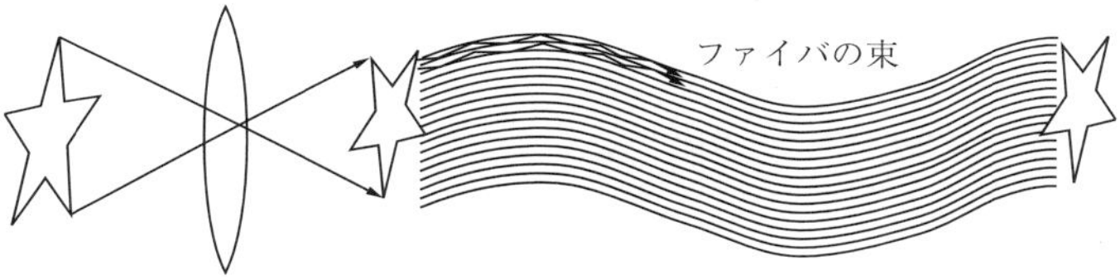

図 6.9　ファイババンドルによる画像の伝送

6.5.3　ファイバ型センサ

光ファイバを用いることで，自由空間で伝送するより光の取り回しが容易になる。したがって，自由空間の光計測には適さない工場などの環境であっても利用できるので，耐環境性のある光センサとして有望である。光ファイバを用いる計測には，① 光ファイバを光のガイドとして用いる方法と，② ファイバ自身の特性変化（例えば温度に対するファイバ材料の屈折率変化）を利用した方法がある。

① においては，計測部へ光を伝送し，信号を光で受信するためにファイバを用いている。**図 6.10** にファイバを用いたダイヤフラム型圧力センサの例を示す。

図 6.10　ファイバを用いたダイヤフラム型圧力センサ

ファイバの先端に隙間を設けてダイヤフラム（薄膜板）が取り付けられている。圧力が加わるとダイヤフラムがたわみ，ファイバの先端とダイヤフラムの隙間が変化する。単一モードファイバでレーザ光を伝送するとき，ファイバの端面とダイヤフラムの裏面で反射された光が干渉する。

干渉光強度は二つの光束の光路差（間隙の2倍の距離）に依存するので，干渉光の強度変化から間隙変化を知ることができる。ファイバの外径は標準で125 μm であるので，とても小さい圧力センサが実現できる。工業製品の狭い場所や体内で測定が可能になる。ダイヤフラムの代わりにばねと重りの構造を取り付ければ，加速度センサや振動センサも実現できる。

図6.11 は，建築や土木の分野で利用が期待されるファイバを用いた応力やひずみの計測法を示している。大きな構造物（例えば橋やビルの柱）の応力状態を測定するために提案されている。柱などのひずみの計測には，従来，ひずみゲージを取り付けて，各点ごとに測定していたが，光ファイバをコンクリートのはりや壁に埋め込んで，ファイバに沿った線上で応力の分布を測定できる。

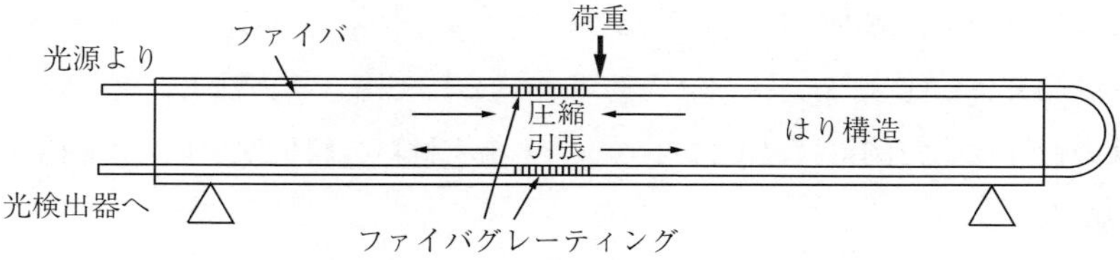

図6.11　ファイバグレーティングを用いたコンクリートはりの応力測定法

測定原理として，ファイバグレーティングを用いる方法や応力により発生する後方散乱光の周波数シフトを測定する方法がある。図6.11には，ファイバグレーティングを用いてコンクリートのはりの応力を測定する方法を示している。

ファイバグレーティングは，半波長の周期でコアの屈折率を光軸方向に変調したもので，グレーティング（格子）をコア内部に設けてある。グレーティングの周期が半波長に一致した光だけを反射する。他の光は変化を受けず通り抜ける。圧縮応力によりグレーティングの周期は縮み，引張応力により伸びる。パルス光をファイバに入射し，反射される光の反射時間から場所を，反射波長から応力を知ることができる。

ファイバ自身の光学特性の外部作用に対する変化を用いる方法も，多くのセンサに利用されている。**図 6.12** は電流センサ（ファイバセンサ型光電流変成器）の概略を示した。

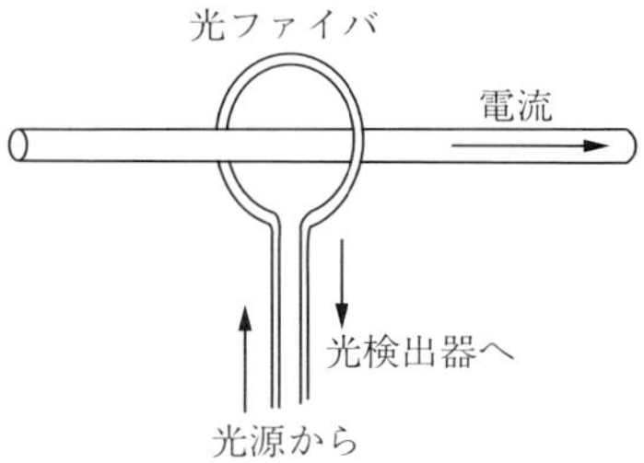

図 6.12　ファラデー効果を用いたファイバ型光電流測定法

ファラデー効果を利用して光で電流を計測する。電流の周りには同心円状の磁界が発生する。ファラデー効果は磁界内で透明物質が旋光性（直線偏光の偏波面を回転させる性質）を現す現象である。光ファイバを電流検出素子に用いているので，センサ部が小形になり，電気絶縁性が高い。一般に電流測定で用いられる変圧器は交流測定に限られるが，ファイバを用いる電流センサでは直流であっても計測でき，外部ノイズの影響を受けにくい。

6.6 基板上の光導波路

光導波路では，光を閉じこめて伝送できるので，導波路を基板上に形成し，光デバイスや光回路を製作できる。基板上に導波路を形成する場合は，**図 6.13** に示すように基板にクラッド部を薄膜として形成し，その上にクラッドより屈折率の高いコア部の薄膜を形成する。方形断面のコア部を形成するために，集積回路の配線を製作する場合と同様な方法（ホトリソグラフィー法）を用いてマスクとして準備したコアのパターンを転写した後，エッチング加工に

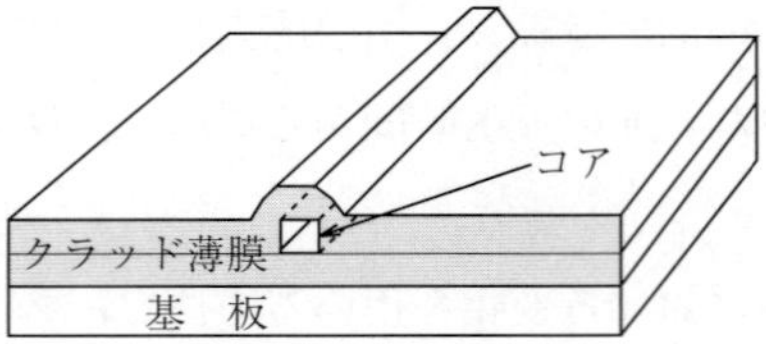

図 6.13　基板上の光導波路の構造

より導波路を製作する。

コア部からの光が漏れないためには，コアに接触するクラッドに発生するエバネッセント波が基板と相互作用しないように，クラッドが十分な厚みをもっている必要がある。コアの上部にはクラッド層がなくても，空気の屈折率がコアよりは低いので光は漏れないが，別のコアが交差したり，損失のある材料が接触すると光が漏れたり，損失するので，コアの上側も下層もクラッドで覆われている場合が多い。

基板上の導波路へ光を導入するには，光ファイバの場合と同様に図 6.7 に示されているようにコア入射面にレンズを用いて光を集光する。また，端面を用いずに導波路に光を導入するには，**図 6.14** に示すように，プリズムカプラやグレーティングカプラが用いられる。

プリズムカプラの場合は入射位置にマイクロプリズムを設置し，プリズムの

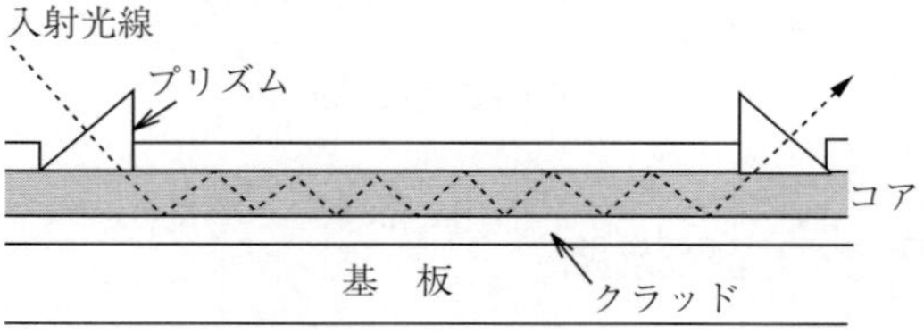

（a）　プリズムカプラ

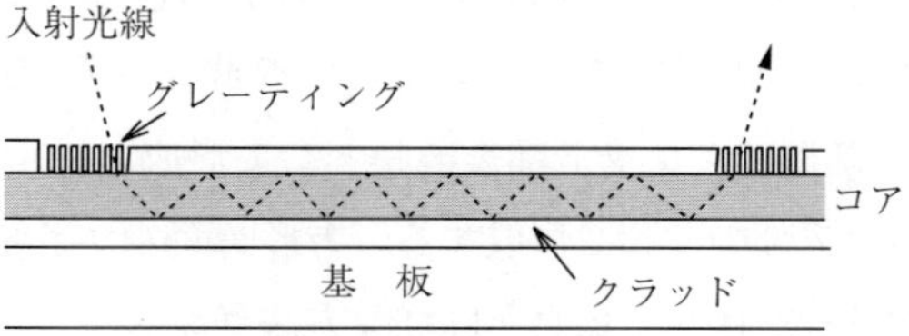

（b）　グレーティングカプラ

図 6.14　基板上導波路への光入射法

斜め面から光線を導入することでコアに光線を伝搬させる。グレーティングカプラの場合は，導波路の上の表面に形成した回折格子により回折波を発生させ，導波路モードとして結合させる。結合の効率は回折格子の形状に依存する。

演　習　問　題

【1】 光ファイバから出射する光の広がり角度の最大値はどれだけか。図6.7の光線を用いた考察から求めよ。

【2】 光ファイバの基本構造には，図6.2に示したようにコアとクラッドの屈折率がそれらの境界面で不連続に変化するステップ型ファイバと，コアからクラッドに屈折率がしだいに減少するグレーデット型ファイバがある。グレーデット型ファイバにおける光線はどのように進むか図示せよ。

【3】 図6.14(b)に示したグレーティングカプラでは回折格子が導波路の上に形成されているが，導波路から自由空間に出た光を集光するにはどのような形状の回折格子を形成すればよいか。

7 フーリエ光学

7.1 画像の周波数成分

機械振動や電気信号の解析にフーリエ変換が用いられる。**図 7.1** に示すような周期振動波形 $f(t)$ が得られた場合，周期波形はフーリエ級数に展開できる。

$$f(t) = c_0 + a_1 \sin(2\pi ft) + b_1 \cos(2\pi ft) + a_2 \sin(4\pi ft) + b_2 \cos(4\pi ft) + a_3 \sin(6\pi ft) + b_3 \cos(6\pi ft) \cdots \quad (7.1)$$

このとき，基本周期に対応する周波数 f の成分（基本波），その 2 倍の周波数 $2f$ に対応する周波数成分（第 2 高調波），さらに基本波の整数倍周波数の高調波級数和として表現される。すなわち，周期波形は，周波数領域においてとびとびの周波数成分の和として表現できる。振動波形で，単一の正弦波で波形が表される場合は式（7.1）の第 1，第 2 項だけで表現できる。第 1 項は直流

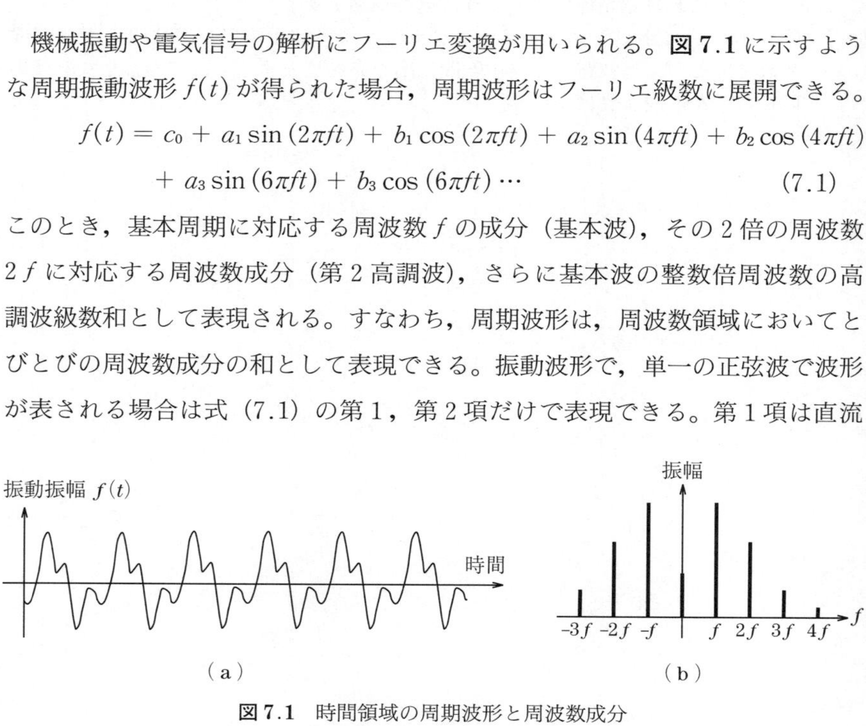

図 7.1 時間領域の周期波形と周波数成分

成分を示しており，波形の直流レベルを示している。波形の中に基本周期に比べて細かな変化があれば，高い周波数成分を含んでいる。

図 7.1(b)には，周波数成分の振幅を周波数に対してグラフにした周波数特性の概念を示している。このような周波数成分の考え方は，時間領域の振動波形や電気波形を周波数領域で定量的に扱うことができるので有用である。

時間領域に限らず，画像のような空間の情報に対して周波数成分の考え方を適用することで，画像を周波数領域で取り扱うことができる。**図 7.2** は格子状の濃淡画像を示したものである。直線 AA′上の明るさを位置の関数として表すと周期波形として表現できる。ただし，横軸は位置（基準位置からの距離）で表現される。この場合，明るさは周期的に三角波状に変化している。すなわち最も明るい画素は白色で，暗い画素は黒で示され，中間色の灰色は半周期の中で，直線的に変化している。

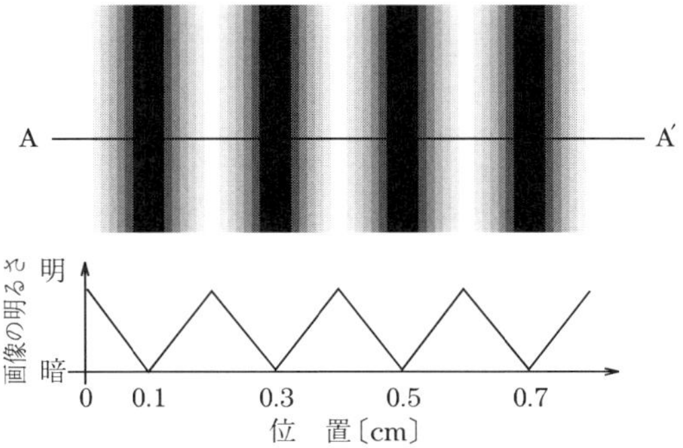

図 7.2 周期的な画像の明暗

この画像の明るさ（光の強度）を $I(x)$ で表し，距離 x の関数として表現すると

$$I(x) = \begin{cases} I_0\left(1 - \dfrac{x}{P/2}\right), & nP < x < nP + \dfrac{P}{2} \\ I_0\left(1 + \dfrac{x}{P/2}\right), & -\dfrac{P}{2} + nP < x < nP \end{cases} \tag{7.2}$$

$$(n = 0,\ 1,\ 2,\ \cdots)$$

ここで I_0 は図 7.2 の明るさの最大値である。フーリエ級数で表現すると

$$I(x) = \frac{I_0}{2}\left\{1 + \frac{8}{\pi^2}\left(\cos\left(2\pi\frac{x}{P}\right) + \frac{1}{9}\cos\left(6\pi\frac{x}{P}\right)\right.\right.$$
$$\left.\left. + \frac{1}{25}\cos\left(10\pi\frac{x}{P}\right) + \cdots\right)\right\} \tag{7.3}$$

で表される。ここで，各周波数成分の大きさを**表 7.1** に表す。明るさの最大値を I_0 とする。

表 7.1　各周波数成分の大きさ

周波数成分	明るさ
直　流	$I_0/2$
基本波（周波数　5 cm^{-1}）	$4I_0/\pi^2$
3 倍波（周波数　15 cm^{-1}）	$4I_0/(9\pi^2)$
5 倍波（周波数　25 cm^{-1}）	$4I_0/(25\pi^2)$
7 倍波（周波数　35 cm^{-1}）	$4I_0/(49\pi^2)$
⋮	⋮

明るさに負の値はないので，直流成分は図 7.2 に示した縞画像の平均の明るさを示している。基本波の成分は図 7.2 に現れた縞の周期と同じ周期をもつ縞であるが，明るさは距離とともに正弦波状に変化する成分である。このとき周波数は 5 cm^{-1} であるが 1 cm の中に 5 本の縞があることに対応している。波形が三角波であるので対称性から偶数次数の高調波は生じない。

第 3 高調波は基本波の 3 倍の周波数をもつので，図 7.2 で示された縞の 1 周期の中に 3 本の縞をもつ縞を表している。5 倍波はさらに周波数の高い縞を表している。これらの多数の縞が重ね合わされて，三角波状の明るさ変化をもった縞模様の画像が表現される。このように，位置座標の関数として表現された画像を周波数成分に分けることができる。このとき周波数を空間周波数と呼ぶ。

1 次元の空間周波数の考え方を 2 次元に拡張すると，一般的な画像が 2 次元の空間周波数成分の重ね合せにより表現できる。**図 7.3** においてはいろいろな 2 次元の画像を例に挙げた。また，**図 7.4** には，図 7.3 の画像に 2 次元フーリエ変換を行って空間周波数成分で表現した結果を模式的に示した。

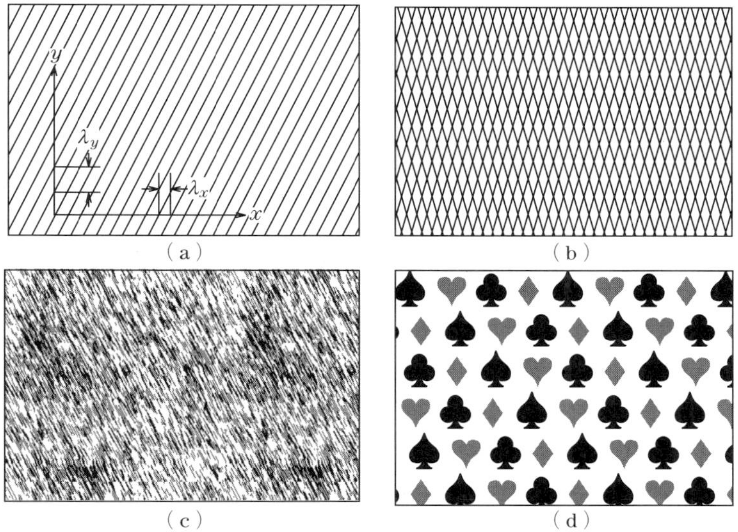

図 7.3 いろいろな 2 次元の画像

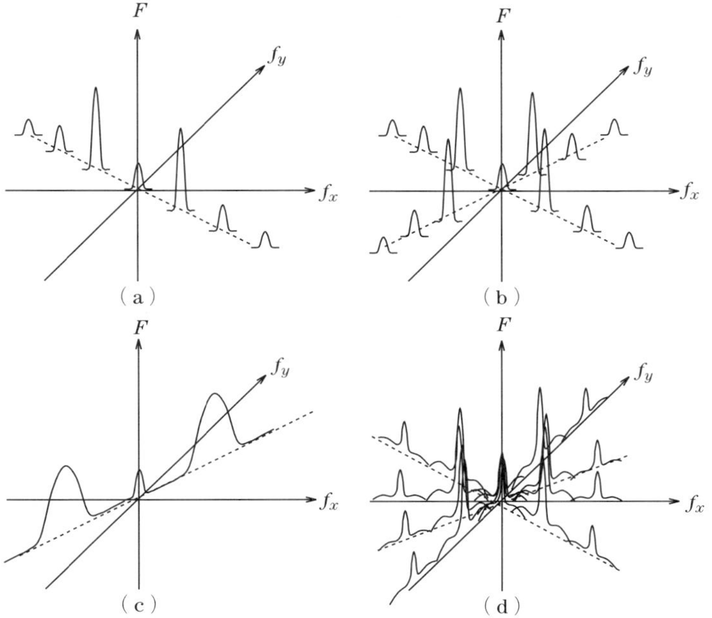

図 7.4 画像のフーリエ変換の結果

図 7.3(a)は斜め方向に並んだ縞である。水平方向と垂直方向をそれぞれ x，y 軸とすると x 方向と y 方向に異なる周期をもつので，それぞれ別々の周波数で表現できる。縞が x 軸を横切る周期を λ_x，y 軸を横切る周期を λ_y とすると，各軸方向の空間周波数 f_x，f_y は式（7.4）で定義できる。

$$f_x = \frac{1}{\lambda_x},\ f_y = \frac{1}{\lambda_y} \tag{7.4}$$

座標軸によらない縞の固有の周波数 f は縞に垂直方向の周期 λ より $f = 1/\lambda$ により定義できるので

$$f = \frac{1}{\lambda} = \sqrt{\left(\frac{1}{\lambda_x}\right)^2 + \left(\frac{1}{\lambda_y}\right)^2} = \sqrt{{f_x}^2 + {f_y}^2} \tag{7.5}$$

2 次元のフーリエ変換を行えば，フーリエ平面上に二つの強い極大値をもった図 7.4(a)に示すような周波数分布が得られる。これらの極大値は縞に周波数に対応したフーリエ平面上の位置に現れる。原点の極大は画像全体の平均的な明るさ（直流成分）を表している。原点と縞の周期に対応した極大の位置を結ぶ延長線上に現れる他の極大は，縞の高調波による極大を表している。

図 7.3(b)は，2 種類の縞が交差している画像である。この場合は，フーリエ変換すると，それぞれの縞に対応して図 7.4(b)に示すように 2 系列の極大が現れる。

図 7.3(c)の場合は明確な周期性はないが，一つの方向を向いた線分が集まっている。これらの線分に垂直な方向では空間周波数が高い。これに対応して，図 7.4(c)では，線分に垂直な方向にフーリエ変換の値の大きい部分が現れる。周期は一定でなく，ばらつきがあるので，極大部分の幅は広がっている。

図 7.3(d)においては形の異なるパターンが周期的に並んでいるので，フーリエ変換により周期性に対応したピークが現れるが，個々のパターンが異なるので，極大値はいろいろな値をとり，極大部分の幅も異なっている。しかしパターンが周期的に存在するため，この周期の空間周波数成分が存在することが特徴である。

数学的な表現として，一般的な画像の明るさの分布 $g(x, y)$ から，２次元フーリエ変換により，画像の周波数分布 $G(f_x, f_y)$ が得られる。ここで空間座標（x，y）と周波数空間の座標（f_x，f_y）を用いた。

$$\begin{aligned} G(f_x, f_y) &= F[g(x, y)] \\ &= \int_{-\infty}^{\infty}\int_{-\infty}^{\infty} g(x, y)\exp[-2\pi i(xf_x + yf_y)]dxdy \\ g(x, y) &= F^{-1}[G(f_x, f_y)] \\ &= \int_{-\infty}^{\infty}\int_{-\infty}^{\infty} G(f_x, f_y)\exp[2\pi i(xf_x + yf_y)]df_x df_y \end{aligned} \tag{7.6}$$

7.2　光学系の伝達関数

7.2.1　伝　達　関　数

伝達関数の概念は電気回路や制御理論において，よく用いられるが，系の入出力関係を記述するのに理解しやすい表現である。画像を伝送，結像する光学系においても伝達関数の考え方が取り入れられて，像の劣化や光学系の解像度などについて定量的でシステム的な記述方法を与えることができるようになった。

図 7.5 に伝達関数の一般的な概念を示した。系の内部の回路や機構がわからず，ブラックボックスであっても，任意の入力に対して得られる出力がわかれば，系の伝達関数を知ることができる。線形系の伝達関数は一般に周波数領域で定義される。

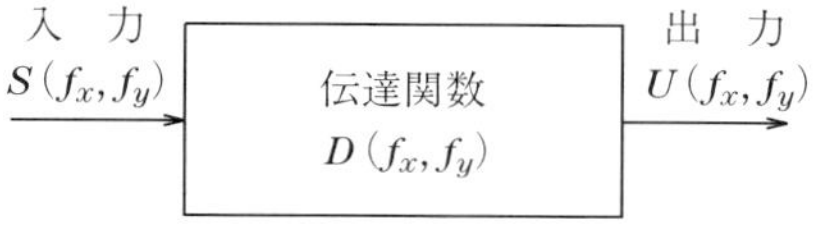

図 7.5　伝達関数

すなわち，任意の周波数の正弦波を入力したとき，出力の振幅は入力の何倍になるか，また位相はどれだけ変化するかがわかれば系の伝達特性が明らかになる。入力の周波数を零（直流）から目的の周波数まで調べることで，系の周波数伝達特性すなわち伝達関数がわかる。したがって，直流から理論的には無限の高周波まで周波数を変えて系の応答を求めればよい。

光学系の伝達関数も同様に定義することができる。入力として画像を考え，低い周波数の画像から高い周波数の画像まで，任意の周波数の画像を提示し，各周波数に対して得られる像の明暗の度合い（コントラスト）を調べればよい。解像度の高い光学系は，細かな画像（周波数の高い画像）も伝送できる。すなわち，伝達関数の高周波領域の応答がよいことと対応している。

7.2.2　コヒーレント伝達関数

レンズにより画像が伝送されて，結像面に像を形成する場合の伝達関数を考えてみよう。光学系の伝達関数は物体（画像）の照明状態によりコヒーレント光による伝達関数とインコヒーレント光による伝達関数が定義される。コヒーレント光による伝達関数は物体の各発光点の光振幅に相関がある場合で，光源としてレーザ光のようなコヒーレンスの高い光で物体を照射した場合の像の形成に相当する。

私たちが一般にカメラで撮影する場合は，光源が太陽光であったり，電灯であったりするので，光源はインコヒーレントである。この場合は後で述べるように，物体の各点は相互に相関なく光を反射（あるいは発光）していると考えられる場合である。

まず，**図 7.6** に示すようにコヒーレントに照明された物体がレンズの光学系

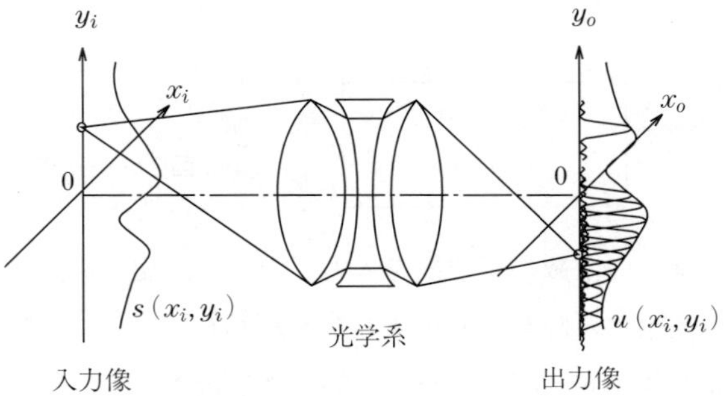

図 7.6　光学系による入力像の伝達

で結像される場合を考えよう。

物体の各点の光振幅の入力面での分布が $s(x_i,\ y_i)$ により与えられるとする。光の振幅は電磁界の電界の一成分で代表する。原点に一つの点光源 $\delta(x_i)\delta(y_i)$ を考えるとき，像面には光学系の伝達特性によって決まる光の分布 $d(x_o,\ y_o)$ が得られる。このとき $d(x_o,\ y_o)$ を点像応答関数と呼ぶ。

カメラのような結像の光学系においては，点像応答関数は光学系により決まる広がりをもった輝点となる。後に述べるように，この輝点が小さく明るいほど解像力の高い光学系となる。点光源が原点から座標 $(x_i,\ y_i)$ に移動すると，光学系の倍率 M のとき，像面で輝点は移動して点像応答関数は $d(x_o - Mx_i,\ y_o - My_i)$ となる。

さて，任意の光分布をもった入力像は点光源の集まりと考えることができるので，光学系によって伝達された入力像はそれぞれの点光源により作られた点像応答関数の重ね合せにより表現できる。

$$u(x_o,\ y_o) = \int_{-\infty}^{\infty}\int_{-\infty}^{\infty} s(x_i,\ y_i)d(x_o - Mx_i,\ y_o - My_i)dx_i dy_i \qquad (7.7)$$

簡単のために $M = 1$ について考える。$M = 1$ でないときは定数項が現れるだけで，数式の取り扱いに違いはない。

$$u(x_o,\ y_o) = \int_{-\infty}^{\infty}\int_{-\infty}^{\infty} s(x_i,\ y_i)d(x_o - x_i,\ y_o - y_i)dx_i dy_i \qquad (7.8)$$

したがって，得られる出力像は数学の合成演算により求められる。合成の記号 $*$ を用いて

$$u(x_o,\ y_o) = s(x_o,\ y_o) * d(x_o,\ y_o) \qquad (7.9)$$

周波数領域において入出力関係を考えるために，式 (7.9) の両辺をフーリエ変換する。合成演算のフーリエ変換はそれぞれの関数のフーリエ変換の積により与えられるので，以下の表現が得られる。

$$U(f_x,\ f_y) = S(f_x,\ f_y)D(f_x,\ f_y) \qquad (7.10)$$

ここで $U(f_x,\ f_y)$，$S(f_x,\ f_y)$，$D(f_x,\ f_y)$ はそれぞれ関数 $u(x_o,\ y_o)$，$s(x_o,\ y_o)$，$d(x_o,\ y_o)$ のフーリエ変換である。したがって伝達関数 $D(f_x,\ f_y)$ は出

力と入力の周波数応答の比により与えられる。

$$D(f_x,\ f_y)=\frac{U(f_x,\ f_y)}{S(f_x,\ f_y)} \tag{7.11}$$

ここで，$D(f_x,\ f_y)$ はもともと点像応答関数のフーリエ変換であったことに注意してほしい。デルタ関数で表される点光源は理想的な1点の発光を表すので，周波数領域で考えると広い領域（定義では無限領域）で一様な周波数成分を含んでいる。**表7.2**に点光源が光学系により点像を形成する場合について，空間領域と周波数領域で伝達特性を説明する。

表7.2　空間領域と周波数領域における点光源の伝達

<table>
<tr><th></th><th>点光源</th><th>伝達特性</th><th>点　像</th></tr>
<tr><td>空間領域</td><td>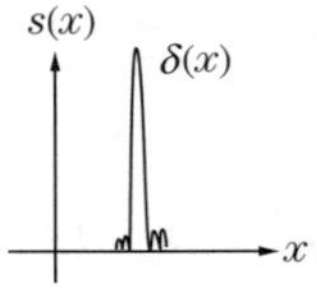
</td><td>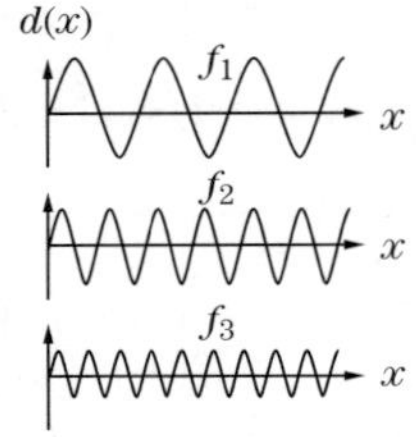
</td><td>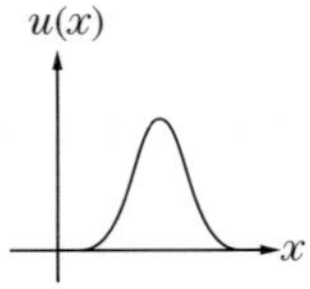
</td></tr>
<tr><td>周波数領域</td><td>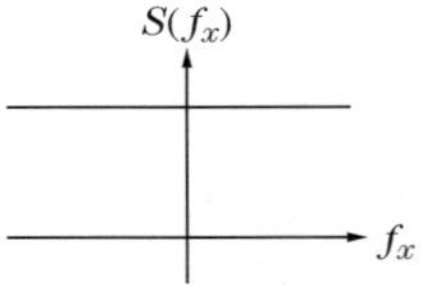
</td><td>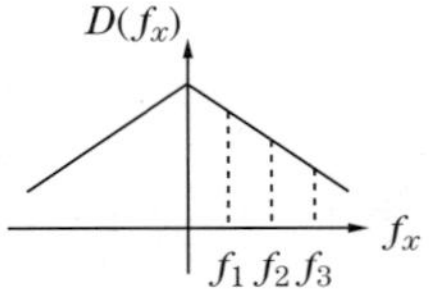

伝達関数</td><td>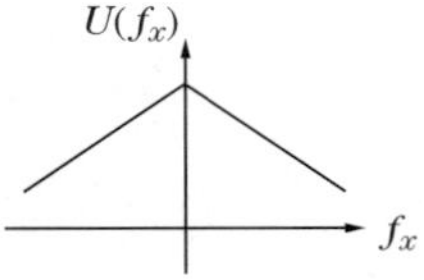
</td></tr>
</table>

空間領域で点光源はデルタ関数で表現され，周波数領域では表7.2左下に示すように広い周波数成分を含んでいる。光学系の伝達特性は周波数ごとに定義できて，空間領域で考えると，例えば周波数の高い成分は低い成分より減衰が多いと，高い成分は小さい正弦波出力となる（表7.2上中）。

周波数領域では，光学系の伝達関数は各周波数成分の伝達割合を表現する。いまの例では表7.2下中に示すように周波数が高いほど減衰が大きい。空間領域と対応させて，周波数を図中に示した。

出力像は空間領域では輝点であるが，伝達特性のため輝点は広がる（表 7.2 上右）。すなわち高い周波数成分は減衰して伝達するので，高周波成分の少ない広がった輝点となる。周波数領域で表現された出力 $U(f_x,\ f_y)$ は入力 $S(f_x,\ f_y)$ と $D(f_x,\ f_y)$ の積となるが，$S(f_x,\ f_y)$ が一様な値であるので，$U(f_x,\ f_y)$ は $S(f_x,\ f_y)$ と同じ特性となる。すなわち，点像応答のフーリエ変換 $U(f_x,\ f_y)$ は光学系の伝達関数（コヒーレント伝達関数）$D(f_x,\ f_y)$ と等しい。

物体が点光源でない場合は，物体の光振幅分布を空間周波数ごとに分解して考える。縞状の画像では，縞の周波数に対応した周波数成分が支配的となる。滑らかな構造では低域周波数成分が多くなる。細かな構造は高周波成分が多いので，高い周波数に広がった周波数成分分布（スペクトル）となる。**表 7.3** に，一般的なスペクトルをもつ物体が光学系により伝達された場合の周波数特性を模式的に示した。

表 7.3　周波数領域における物体の周波数成分の伝達

	物体の周波数成分	伝達関数	像の周波数成分
周波数領域	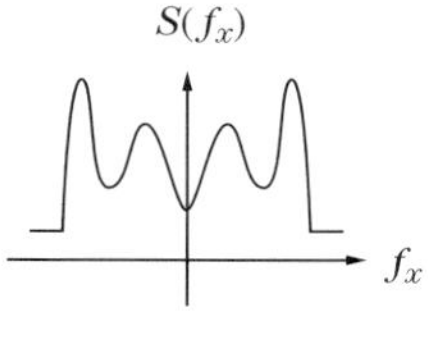	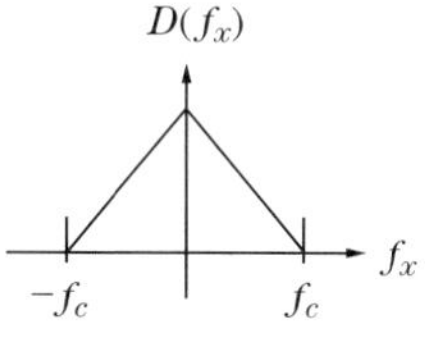	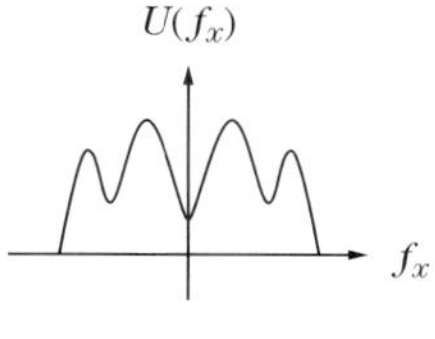

この場合，物体の周波数は高域成分と低域成分の二つのピークで特徴付けられると仮定する。この例では，伝達関数は遮断周波数 f_c より低い周波数範囲で物体の周波数を伝達できる。また高い周波数ほど伝達される割合が少ない。したがって像の周波数成分は f_c より高い成分はなくなり，高い周波数成分ほど減衰割合が大きい。したがって得られる像は物体より滑らかな構造となる。

カメラなどに用いられるような凸レンズによる結像光学系（**図 7.7**）を考えよう。レンズによる点像応答関数を求める必要があるが，点像応答関数は 4.3

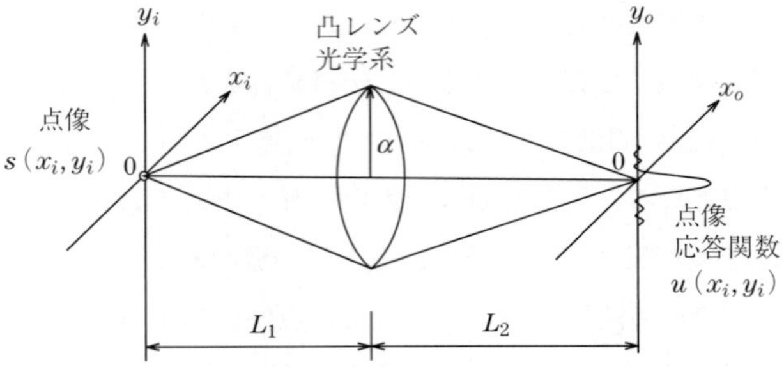

図 7.7　レンズによる点光源の伝達と点像応答関数

節において，レンズによる回折像を求めた場合と同様にして得られる。理想的なレンズでは点光源からでた光線は一点に収束して点像を作る。このような理想的なレンズであっても，レンズの開口のため，回折効果により広がった点像となる。

回折効果はレンズ光学系では避けられないので，理想レンズの結像特性は回折効果により決定される。図 7.7 の光学系でレンズの回折効果はフレネル回折により求めなければならないので，式（4.18）から出発して式（4.21）を得たのと同様の計算を行う。簡単のために，1 次元の光学系を考えて，物体もレンズも 1 次元とする。簡単な場合として物体が十分遠方にあり，レンズから物体までの距離 L_1 が無限と仮定できる場合を考える。

したがって，点光源からの光は平面波と考えることができ，レンズに入射した後，焦点に収束する。焦点には点像が発生するが，レンズの開口による回折が発生する。このときは点像の回折光の振幅は式（4.21）を用いて

$$d(x) = C_x \frac{\sin\left(\dfrac{ka}{F}x\right)}{\dfrac{ka}{F}x} = C_x \operatorname{sinc}\left(\frac{ka}{\pi F}x\right) \tag{7.12}$$

により与えられる。ここで k，a，F，C_x はそれぞれ波数，レンズの半径（開口の半分），焦点距離，定数である。また sinc 関数は式（7.12）の第 2 式と第 3 式の関係で定義される関数で，シンク関数と呼ぶ。距離 L_1 が有限であるときは，点光源からの光は球面波となる。このとき像は焦点距離 f よりも後方

で，距離 L_2 の位置に像が得られる。このときもフレネル回折を式（4.18）と同様に計算できる。計算の結果，定数分の違いはあるが，式（7.12）と同様に以下の表現が得られる。

$$d(x) = C\,\mathrm{sinc}\left(\frac{k\alpha}{\pi L_2}x\right) \tag{7.13}$$

式（7.13）は図 4.6(a)に示したように振動しながら減衰する波形を表す。したがって，この場合の点像応答関数は sinc 関数で与えられる。

光学系の伝達関数（この場合はコヒーレント伝達関数）は点像応答関数のフーリエ変換で与えられるので，図 7.7 に示したレンズを用いた結像系のコヒーレント伝達関数は

$$D(f_x) = F\left\{C\,\mathrm{sinc}\left(\frac{k\alpha}{\pi L_2}x\right)\right\} = \begin{cases} C\dfrac{\pi L_2}{k\alpha} & |f_x| < \dfrac{k\alpha}{2\pi L_2} \\ 0 & |f_x| > \dfrac{k\alpha}{2\pi L_2} \end{cases} \tag{7.14}$$

ここで sinc 関数のフーリエ変換が方形開口関数になることを用いた。式（7.14）を**図 7.8** に示した。$f_c(=k\alpha/(2\pi L_2))$ より低い周波数で一定値をもち，それより高い周波数で 0 となる。したがって，f_c は遮断周波数と呼ばれる。コヒーレント照明の結像状態における理想レンズの結像における伝達関数は，開口と同じ方形関数となる。

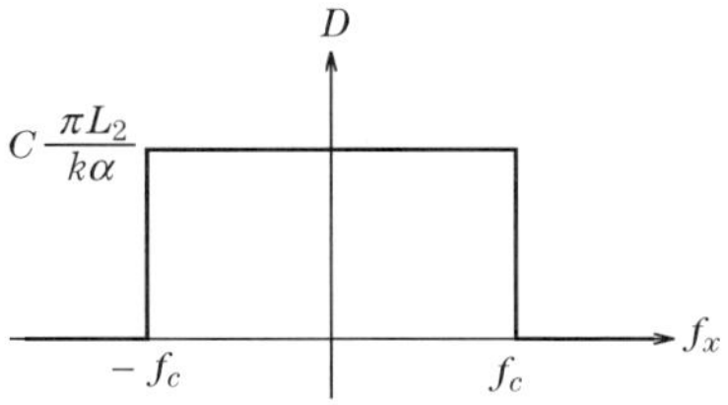

図 7.8 結像系凸レンズのコヒーレント伝達関数

7.2.3 インコヒーレント伝達関数

私たちの普段の生活環境では，光源は空間的にインコヒーレントである。太陽光や蛍光灯において，発光体は空間的に体積をもっており，空間の離れた発光点は相互に位相関係がない。このような光源で照らされた物体からの反射光

は，同じく空間的にインコヒーレントになる。

このような照明状態，あるいは発光状態の物体の像を光学系により作る場合を考えよう。簡単のため，光源の波長は単一で λ であるとする。光学系は図 7.6 と同じである。コヒーレントな照明の場合と同様に，任意の光分布をもった入力像は点光源の集まりと考えることができるので，光学系によって伝達された入力像はそれぞれの点光源により作られた点像応答関数の重ね合せにより表現できる。

それぞれの点光源は相互に相関がないので，像の光分布は，点光源の光強度分布の和により与えられる。コヒーレントの場合は各点からの発光はコヒーレントであるので，各点像を重ね合わせて全体の像を求めるとき，光振幅の和により求めた。この場合はそれぞれの光振幅がコヒーレントな関係にあるので，点像の干渉が生じる。一方，インコヒーレントの場合は点像間の干渉は生じず，全体の光分布は，点像の光強度分布の重ね合せにより求められる。

$$\begin{aligned} i(x_o,\ y_o) &= |u(x_o,\ y_o)|^2 \\ &= \int_{-\infty}^{\infty}\int_{-\infty}^{\infty} |s(x_i,\ y_i)|^2\,|d(x_o - x_i,\ y_o - y_i)|^2\,dx_i dy_i \end{aligned} \tag{7.15}$$

簡単のために光学系の倍率は 1 とした（$M=1$）。したがって，得られる出力像は数学の合成演算により求められる。合成の記号 $*$ を用いて

$$i(x_o,\ y_o) = |s(x_o,\ y_o)|^2 * |d(x_o,\ y_o)|^2 \tag{7.16}$$

周波数領域において入出力関係を考えるために，式（7.16）の両辺をフーリエ変換する。合成演算のフーリエ変換は各関数のフーリエ変換の積により与えられるので，以下の表現が得られる。

$$I(f_x,\ f_y) = F[|s(x_o,\ y_o)|^2]F[|d(x_o,\ y_o)|^2] \tag{7.17}$$

ここで $I(f_x,\ f_y)$ は関数 $i(x_o,\ y_o)$ のフーリエ変換である。

したがって伝達関数 $F[|d(x_o,\ y_o)|^2]$ は出力と入力の周波数応答の比により与えられるが，点像関数の光強度分布のフーリエ変換で与えられる。周波数が 0 のときの値で伝達関数を規格して得られる関数を**光学的伝達関数**（optical transfer function：OTF）と呼ぶ。OTF はインコヒーレント照明における光

学系の結像特性を周波数の関数として与える。

$$\mathrm{OTF}\,(f_x,\ f_y) = \frac{F\{|d(x_o,\ y_o)|^2\}}{[F\{|d(x_o,\ y_o)|^2\}]_{fx=0,fy=0}} \tag{7.18}$$

点像関数の大きさをOTFの値が周波数0において1となるように調節し，$d_N(x_o,\ y_o)$と置き，数式変形をすすめると

$$\begin{aligned}\mathrm{OTF}\,(f_x,\ f_y) &= F\{|d_N(x_o,\ y_o)|^2\}\\ &= F\{d_N(x_o,\ y_o)d_N{}^*(x_o,\ y_o)\}\\ &= D_N(f_x,\ f_y) * D_N{}^*(-f_x,\ -f_y)\end{aligned} \tag{7.19}$$

ここで，$F\{d_N(x_o,\ y_o)\} \equiv D_N(f_x,\ f_y)$であるとき，$F\{d_N{}^*(x_o,\ y_o)\} = D_N{}^*(-f_x,\ -f_y)$が成立する。さらに，自己相関関数が下式で与えられるので

$$D_N(f_x,\ f_y) \circledast D_N(f_x,\ f_y) \equiv \int_{-\infty}^{\infty}\int_{-\infty}^{\infty} D_N(x,\ y)D_N{}^*(x-f_x,\ y-f_y)dxdy \tag{7.20}$$

OTFは自己相関関数を用いて下式で表現できる。

$$\mathrm{OTF}\,(f_x,\ f_y) = D_N(f_x,\ f_y) \circledast D_N(f_x,\ f_y) \tag{7.21}$$

式（7.21）より結像系凸レンズのインコヒーレント伝達関数は方形関数の自己相関で与えられる。**図7.9**に自己相関の求め方を示した。関数を横方向に移動し，元の関数と重なる部分の積分を求め，移動量に対して積分値をグラフに表すことで自己相関関数の値が得られる。

図7.10に求められたOTFを示す。点線はコヒーレント伝達関数を表している。自己相関の値は図7.9に示した移動量とともに線形に減衰するので，

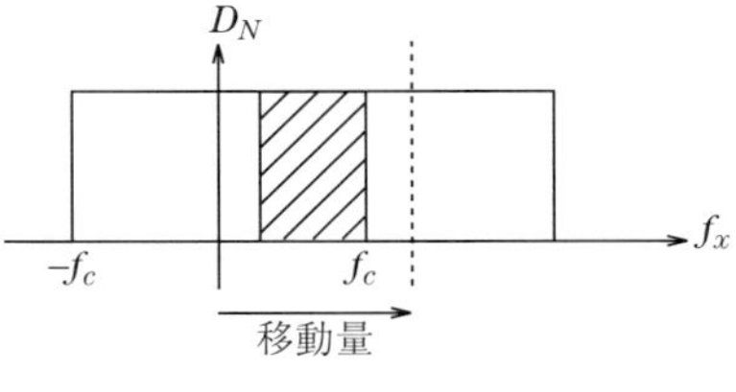

図7.9 方形開口の自己相関の求め方

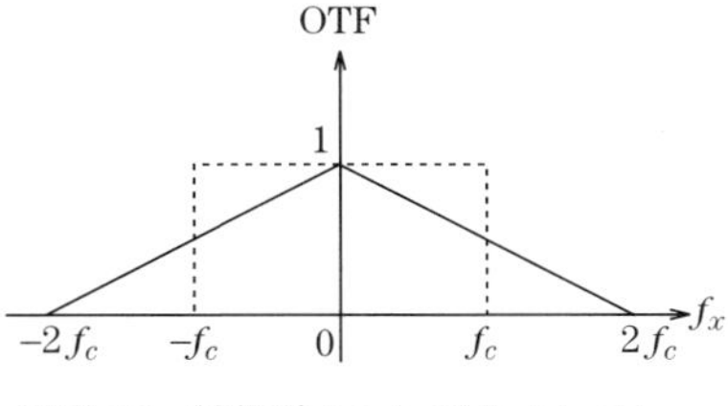

図7.10 結像系凸レンズのインコヒーレント伝達関数

OTF の値は周波数の増加とともに減数する直線で表される。コヒーレント伝達関数に比較して，伝達される振幅は低下するが，伝達できる周波数は 2 倍になる。したがってインコヒーレント伝達関数の遮断周波数は $2f_c$ となる。

$$
\begin{aligned}
2f_c &= 2\,\frac{k\alpha}{2\pi L_2} \\
&= \frac{k}{\pi}NA = \frac{2NA}{\lambda} = \frac{1}{\lambda F}
\end{aligned}
\tag{7.22}
$$

ここで，NA は開口数，F は F ナンバーである。収差を考えない場合，レンズの NA が大きいほど解像度が高く，物体の細かな構造まで結像できることはカメラのレンズや顕微鏡の対物レンズの場合によく知られているが，伝達関数の概念では，遮断周波数は式（7.22）に示されるように，NA に比例（F に反比例）していることで表現されている。

現実の光学系では NA の値は大きくしても 1〜2 程度であるので，遮断周波数は $2/\lambda$ 程度となり，物体を構成する縞の周期としては $\lambda/2$ 程度が限界となる。この値は，レンズの点像関数が回折限界のため，波長程度の広がりを生じてしまうことと対応しており，レンズを用いた光学系の結像（解像）限界を与える。

理想的なレンズでは点像の広がりは開口の回折効果だけである。一般のレンズの場合は，収差の影響を受けるので，図 7.10 に示した直線関係からずれ，伝達関数の値が幾分小さくなるが，遮断周波数は開口の大きさにより決まるので，変化しない。

7.2.4　フィルタリングと光情報処理

図 7.11 は平面波で物体を照明した光学系における結像の状態を，回折光により説明したものである。

回折格子状の物体が平行な平面波レーザ光により照明された場合に，凸レンズにより形成される像を考えている。回折格子の透過率分布は，例えば図 7.2 に示したような高次の周波数成分をもつ縞状の構造をもつと仮定する。回折光

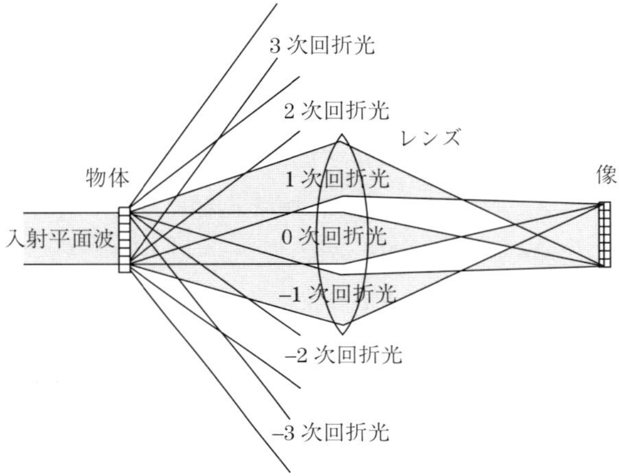

図 7.11 平面波により照明された格子の像の形成

は 0 次と ±1 次の回折光以外に，高次の回折波を発生させる。回折格子の高い周波数成分は周期が小さい回折格子からの回折と同じであるから，回折角が大きい。

図 7.11 に示すように，回折角は回折光の次数に比例して広がる。レンズの直径は限られているので，高次の回折光のうちレンズに入射できない成分がある。レンズに入射した回折光は重ね合わされて像を形成できる。このとき，像の高い周波数成分は高次の回折光の重ね合せにより形成される。回折光はコヒーレントであるので，縞状の像は干渉により形成されるが，像の高い周波数成分は回折角の大きい高次回折光の干渉により形成される。レンズに捕らえられなかった高次回折光成分は，像の形成には関係しない。

したがって，像の周波数成分はレンズに捕らえられなかった成分が抜けている。コヒーレント伝達関数の遮断周波数は f_c で与えられるので，この周波数より高い周波数成分は伝達されない。したがって，レンズは低域通過フィルタとして働いていることになる。図 7.11 に示した光学系は平面波で物体を照明した特別な光学系であるが，遮断周波数より高い周波数成分はレンズに捕らえられなかった回折光に対応していることがわかる。同様に，レンズの口径が大きい（NA が大きいことに対応する）ほど，高い周波数まで伝達できることがわかる。

伝達関数の考え方を用いると，透過帯域や遮断帯域を周波数領域で設定することができる。必要とする周波数領域だけ透過させたり，反射させたりすることはフィルタリングと呼ばれる。電気回路と同様に，光学系においても画像の周波数領域での処理をフィルタリングにより行うことができる。コヒーレント光が物体により回折される効果とレンズによるフーリエ変換の効果を積極的に利用して，物体（入力画像）の周波数フィルタリングを瞬時（実時間）で行うことができる。

図 7.12 はレンズによる 2 重回折光学系である。凸レンズによるフーリエ変換を 2 回続けて行える光学系となっている。入力面に入力パターンの記録されたフィルムを置き，後方よりレーザ光で照射する。入力フィルムの透過率に従って光量が変化し，同時に空間周波数により決まる方向に回折する。入力フィルムからレンズの焦点距離の位置に置かれた凸レンズ 1 により入射光はフーリエ変換され，レンズの後側焦点面に入力面フィルムの透過光量分布のフーリエ変換された光分布が発生する。フィルタ面には低い周波数成分は光軸近傍に，高い周波数成分ほど光軸から離れた場所に集光する。

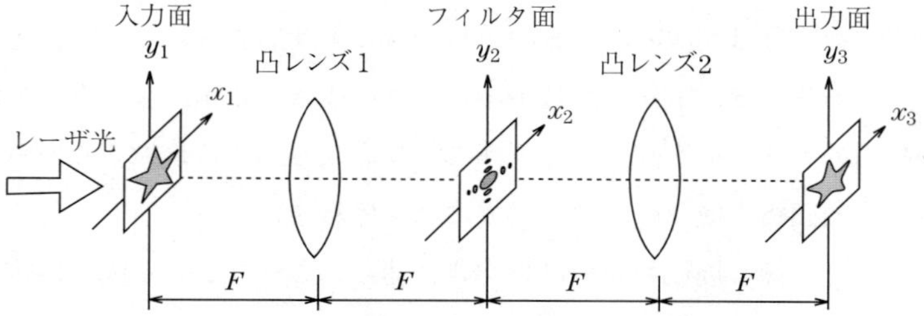

図 7.12　2 重回折光学系による周波数フィルタリング

図 7.13 に示すようなフィルタをフィルタ面に設置する。低域通過フィルタは中央に穴のあいた構造である（図 7.13(a)）。穴の大きさを小さくすればするほど，低い周波数のみを通過させることができる。リング状の透過帯域をも

（a）　低域通過フィルタ

（b）　帯域通過フィルタ

図 7.13　2 重回折光学系に用いられるフィルタの例

ったフィルタ（図 7.13(b)）を設置すると，リングの内側より低い周波数成分，またはリングの外側より高い周波数成分は通過できない。

フィルタ面を透過した周波数成分は，凸レンズ 2 により再びフーリエ変換される。このとき，フィルタを通過できた周波数成分により出力像が生成される。低域通過フィルタを用いた場合は，高い周波数成分が取り除かれているので，滑らかな画像となる。低域通過フィルタは画像ノイズの低減などに用いられ，広域通過フィルタは，像のエッジ強調などに用いられる。

このような 2 重回折光学系を用いた入力画像の処理は，凸レンズのフーリエ変換作用を利用しているが，光の速度で出力像が得られるのできわめて高速である。計算機による画像の数値的な 2 次元フーリエ変換はかなりの時間を要するが，2 重回折光学系を用いた方法では瞬時に変換が行われるので，高速に画像情報の処理を行う方法として研究された。光学系を工夫することで，パターンマッチングなども行うことができる。

以上述べたように，空間周波数と伝達関数の概念の導入により，電気回路や機械システムと同様に，光学系の解像度や性能の評価が定量的に示すことができるようになった。

演　習　問　題

【1】　**図 7.14** のような方形波形のフーリエ級数を求めよ。

【2】　2 重回折光学系において広域通過フィルタを用いる場合，どのようなパター

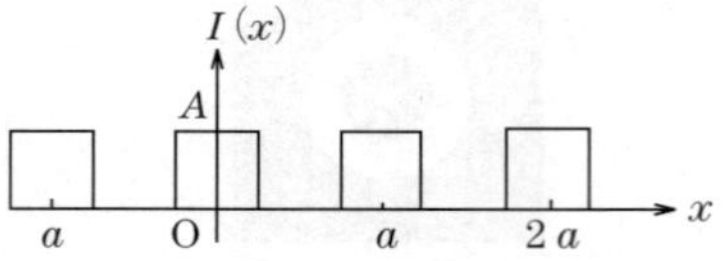

図 7.14

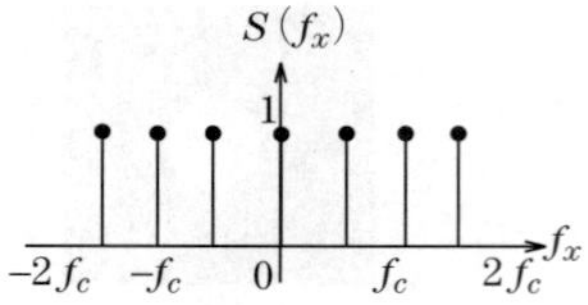

図 7.15

ンのフィルタを設計すればよいか。

【3】 **図 7.15** のような周波数成分をもつ図形を図 7.8 の凸レンズのコヒーレント伝達関数および図 7.10 のインコヒーレント伝達関数により伝達して像を形成した。像の周波数成分を示せ。

【4】 インコヒーレント照明で，NA が 0.2 の顕微鏡対物レンズにより見ることができる最も小さい周期の格子はどれだけか。波長は 800 nm とする。

8

レーザの基礎

8.1　光増幅器と発振器

レーザは近代の科学により新しく誕生した光源の一つである。**レーザ**（laser）は light amplification by stimulated emission of radiation，すなわち誘導放出による光増幅からできた言葉である。1 章で光波と電波について述べたが，レーザにより位相のそろった放送電波のような単色性の優れた光波が得られるようになった。1954 年にアンモニア分子の誘導放出現象を利用して，マイクロ波を増幅・発振できる新しい方法（**メーザ**：maser）が実現された。

原子・分子の誘導放出を用いる方法を光波の領域で実現したのがレーザで，初めてのレーザ発振は 1960 年のルビーを増幅媒質に用いたパルスレーザであった。その後 He-N 混合ガスレーザや Ar ガスレーザなど種々のガスレーザが開発された。YGA レーザは GaAs 半導体レーザなど固体や半導体材料を用いるレーザも開発され，多くの物質でレーザ発振が確認された。

電気回路の発振においても，機械振動の発振においても，発振の基本は増幅と正帰還である。**図 8.1** に発振回路の構成を示す。

発振回路では増幅器の出力の一部を帰還回路により入力に戻す。単純な帰還回路は抵抗素子などによる配線である。帰還させた出力信号の位相が入力の位相が一致する場合は，入力信号が増えて増幅器の入力に入るので，出力はさら

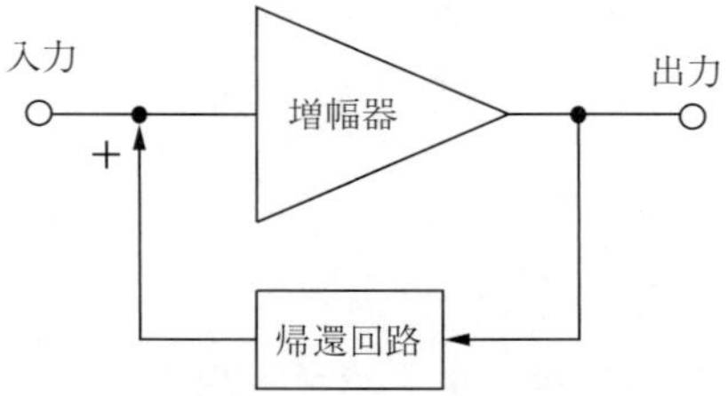

図 8.1　発振回路の構成

に大きくなる。このような帰還と増幅の繰返しにより，大きな出力が発生し持続的な正弦波電気信号が得られ，すなわち発振状態となる。

発振の出力は増幅器への信号入力が大きくなると，増幅率が低下する作用により，発振器の出力は一定値に制限される。このとき増幅器の増幅率は帰還回路などで生じる損失と釣り合っている。増幅器の増幅帯域で，最も大きな帰還増幅率をもつ周波数の信号が効率よく増幅されるので，この周波数で発振が生じる。発振器では入力に信号源をつながなくとも発振は生じる。増幅器の入力には，いろいろな周波数を含むわずかなノイズがつねに加わっている。わずかなノイズが増幅されて，特定の周波数における発振に至る。

レーザ発振も，上記の電気回路の発振の例と同じ原理により動作する。光の周波数は 10 THz と電気回路の周波数に比べてきわめて高いので，増幅器に相当する部分には原子・分子の誘導放出現象を利用する。また，帰還回路に相当する部分は光反射鏡で構成された共振器である。ノイズ光（自然放出光）が増幅されて，共振器により帰還される。光が増幅されるとしだいに増幅率が飽和して，帰還回路の損失と釣り合って，出力光の強度が一定となる。以下では小形のレーザとしてよく用いられている He-Ne レーザ（発振波長 632.8 nm）あるいは同類の気体レーザについてレーザ発振の原理を説明する。

8.2 誘導放出

光の増幅には原子や分子の誘導放出が用いられる。原子や分子の内部エネルギーは離散的であるが，量子力学により，その構造と性質が明らかになった。

図 8.2 は，原子の準位の中で光学遷移（双極子放射）が可能な上準位と下準位を示した。原子の周りの電子は離散的なエネルギー準位を占めるが，外部からエネルギーを受け取ると高い準位に上がる。すなわち高いエネルギーをもった軌道に移る。多数の原子が空間に閉じこめられているとき，エネルギーが与えられると，一部の原子の電子はエネルギーを受け取って，励起原子の数が増える。

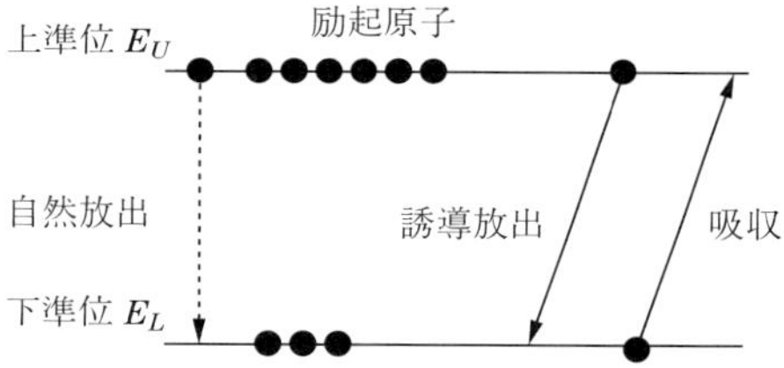

図 8.2　原子準位間の遷移

熱的に励起された原子の集団は熱平衡になるので，一般的には上の準位ほど励起された原子の数は少なくなる。エネルギー E に対して準位の密度 N は指数関数的に減少する。励起原子を発生させる方法はいくつかあるが，気体の場合は放電がよく用いられる。気体放電は熱平衡状態ではないが，励起準位原子密度は一般には準位エネルギーの増加とともに減少する。しかし，特別な準位において，選択的に励起される過程がある場合や準位の寿命が長く励起原子が滞在しやすい状況が生じた場合は，上の準位の密度が下の準位の密度より多くなる場合がある。

このような準位間では密度の大小が逆転しており，準位密度は「反転分布」状態であると呼ばれる。反転分布は光の増幅に欠かせない条件であるので，反転分布が生じるように準位を選択し，選択的に励起できる過程を工夫する。放電においては，衝突励起や電荷交換励起など励起原子からのエネルギー移行により，特定の準位を励起する過程や寿命の長い準位を電子衝突により効率よく励起する方法などが用いられる。

光が増幅されるためには，光と原子系との相互作用が必要である。原子の光の放出，吸収は量子力学に基づいている。原子の発光は離散的な波長で生じ，線スペクトルとなる。二つの準位間で電子の遷移が生じることで，光の放出と吸収が生じるので，準位間のエネルギーと光子エネルギーは一致し，その関係は

$$E_U - E_L = h\nu \quad (8.1)$$

により与えられる。ここで E_U，E_L，h，ν はそれぞれ上下準位のエネルギー，プランク定数，光子の周波数である。原子と相互作用できる光子は式（8.1）の関係を満たす周波数のものだけであるが，相互作用には三つの過程がある。自然放出，吸収，誘導放出の過程である。光学的に遷移の許された準位では，励起された準位にとどまれる時間（励起準位の寿命）に限りがあるため，励起原子はしばらくすると光子を放出して下の準位に移る。寿命はナノ秒レベルであるが，レーザの上準位では数百ナノ秒の準位もある。

このような励起準位の寿命による光の放出過程を自然放出と呼ぶ。第二の過程は吸収で，式（8.1）を満たす周波数の光の中に下の準位にある原子が置かれると，原子の軌道を回る電子は光電場により励振されて，光エネルギーを吸収して上の準位に遷移する。

原子が光子を吸収する確率は光子の作る電場の密度に比例する。第三の過程は誘導放出である。上の準位にある原子に式（8.1）を満たす光が入射すると軌道電子が励振されて，下の準位に遷移する。このとき，式（8.1）で表される光子を放出（誘導放出）するので，励振した光子と放出された光子で光子は2個となる。誘導放出される光子の光波としての位相は入射した光子と一致し，また方向も入射光子と同じになるので，入射光子が2倍に増幅される。

以上の3過程の発生割合（単位体積で毎秒当りの光子放出数）は，自然放出，吸収，誘導放出に対してそれぞれ以下の式（8.2），（8.3），（8.4）で与えられる。

$$A_U N_U \quad (8.2)$$

$$B_{LU} N_L \rho \quad (8.3)$$

$$B_{UL} N_U \rho \quad (8.4)$$

ここで，A_U，B_{LU}，B_{UL}，N_U，N_L，ρ はそれぞれ，上準位の A 係数，下から

上への遷移に対する B 係数，上から下への遷移に対する B 係数，上の準位密度，下の準位密度，外部からの光のエネルギー密度である。アインシュタインがこれらの定数を導入したが，これらの定数の間には熱平衡時の条件から以下の関係があることを示した。

$$A_U = \frac{8\pi h\nu^3}{c^3} B_{UL} \tag{8.5}$$

$$g_U B_U = g_L B_L \tag{8.6}$$

ここで，g_U，g_L はそれぞれの準位の統計的重率と呼ばれ，準位のスピンによる縮退度を示し，準位特有の整数である。

グロー放電で励起された気体はプラズマとなるが，レーザに用いられるプラズマは弱電離状態で，イオンや電子，励起された原子やイオンの密度は励起されていない原子（基底準位にある原子）の密度に比較して小さい（1/100 程度）。誘導放出が生じるような媒質は活性媒質と呼ばれるが，$N_U > N_L$ のときプラズマは活性媒質の一つである（**図 8.3**）。

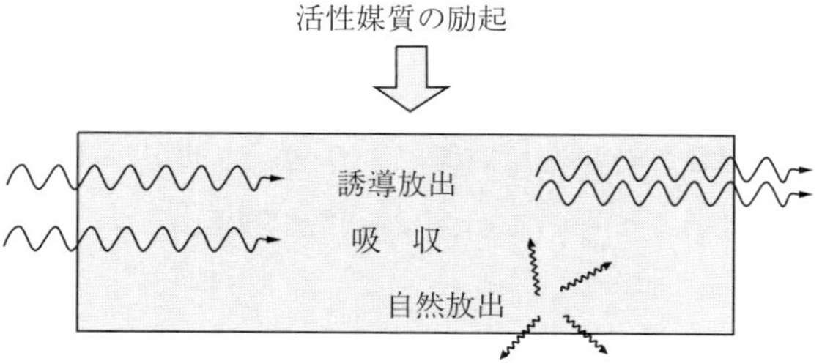

図 8.3　活性媒質の中での光過程

光の増幅は誘導放出により行われるが，同時に吸収も発生する。自然放出は等方的に生じるので，光の増幅には寄与せず，むしろ位相がそろわないのでノイズとなり，発振における初期の信号となる。活性媒質への単位面積当りの入射光を I とし，活性媒質を長さ $\varDelta x$ 通過するとき，増加した光強度を $I + \varDelta I$ とすると

$$\frac{\varDelta I}{I} = \left(N_U - \frac{g_U}{g_L} N_L\right) B_U \frac{h\nu}{c} f(\nu) \varDelta x = G(\nu) \varDelta x \tag{8.7}$$

により与えられる。ここで c は光の速度であり，$\rho c = I$ である。$f(\nu)$ はスペクトル線の形状関数であり，スペクトル線の広がりを与える。He–Ne レーザの場合は，原子の熱運動によるドップラー効果のため個々の原子のスペクトル線は個々の速度に応じてシフトするため，スペクトル線の形状関数はそれらの重ね合せとなり，原子速度分布に応じて広がる。

$\Delta I/I = G(\nu)\Delta x$ と置くとき，$G(\nu)$ は利得定数と呼ばれる。式（8.7）を x に関して積分すると長い距離光が進むときの利得が得られる。このとき利得は $\exp(gx)$ により与えられ，光強度は距離とともに指数関数的に増幅される。

8.3 共　振　器

図 8.1 の発振回路において増幅器のほかに帰還回路が必要である。電気信号の場合，銅線で入出力間を接続すれば，帰還できるが，レーザでは周波数が高いので帰還のために反射鏡を用いる。反射鏡を向かい合わせて，繰り返し往復できるようにした光学系は共振器と呼ばれる。**図 8.4** に共振器の構成を示した。

活性媒質中で増幅された光を反射鏡により帰還させて，繰り返し増幅する。共振器の構成方法はいくつもあるが，レーザが発振しやすいためには，光学系

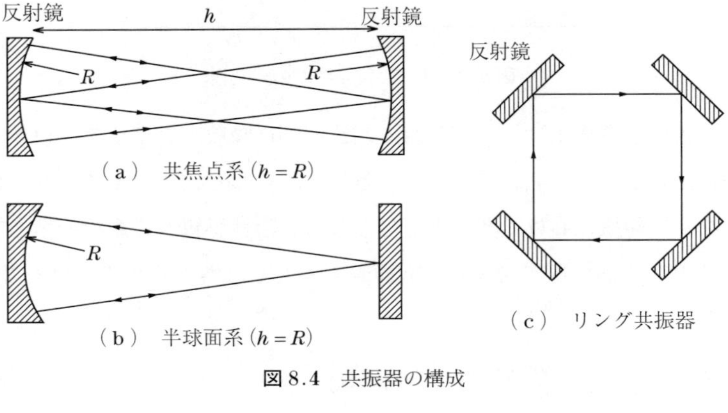

図 8.4　共振器の構成

における損失が小さいことが必要である。

可視光気体レーザでは増幅率が低い（He-Ne レーザで 5 %/m 程度）ので，高い反射率（90 %以上）の誘電体多層膜鏡を対向して用いる。また，向かい合わせた平面鏡では，反射光が回折により広がるために回折損失が生じる。損失を減らすように凹面鏡を組み合わせた光学系として，鏡の曲率半径が鏡間距離に等しい共焦点系，平面鏡と球面鏡を曲率半径と鏡間距離が等しくなるよう組み合わせた半球面系などが用いられる。繰返し反射により，光が共振器から漏れないほど損失が少ないので，共振器としての Q 値が高く，レーザ発振を得やすい。

2 枚の反射鏡を用いた共振器の構造は，5.5 節で述べた多光束干渉が生じるファブリー・ペロー干渉計と同じ構成となる。反射鏡の間に活性媒質が入るので，反射鏡の間隔は 1 m 程度の距離となる場合もある。繰返し多重反射により重なった電磁界が干渉により，打ち消し合わないためには 5.5 節で述べたように，式（5.25）を満たす必要がある。式（5.25）をあらためて下記に示す。

$$\frac{1}{\lambda}=\frac{\nu}{c}=\frac{N}{2h} \tag{8.8}$$

鏡の間隔 h は波長に比べてきわめて大きいので，整数 N は大きな数字となる。反射鏡の間隔により限られた波長が選択されるが，共振器の中に存在できる電磁波は式（8.8）で選ばれ，モードと呼ばれる（**図 8.5**）。特に式（8.8）は光軸方向に電磁界が存在できる条件であるので，縦モードと呼ばれる。反射鏡に凹面鏡を用いると縦モードを決める式は平面の場合の式（8.8）より幾分複雑になり補正が加わるが，同様の関係式が得られる。

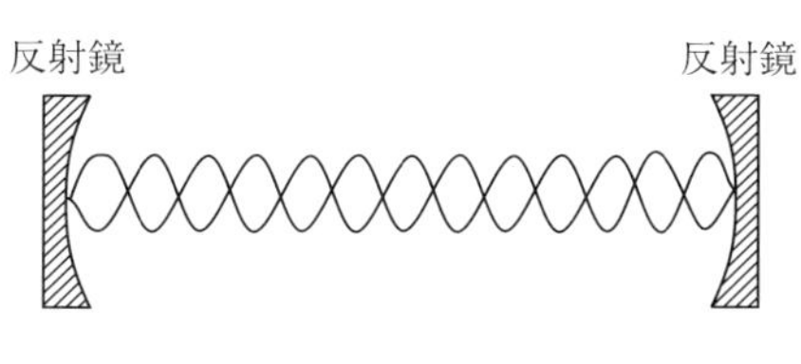

（a）　縦モード

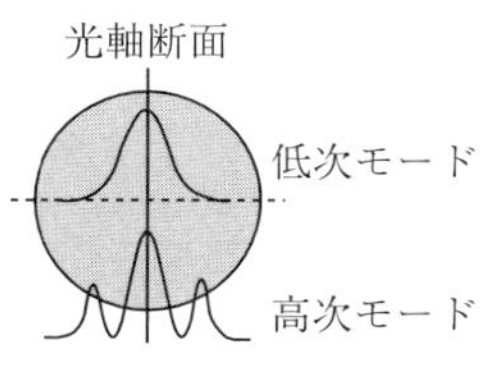

（b）　横モード

図 8.5　共振器のモード

一方，共振器の中の電磁界は反射鏡や活性媒質の大きさが限られているので，半径方向の限られた領域にのみ存在できる。すなわち，半径方向にも境界条件がある。このため，図 8.5 示したように光軸に垂直な断面の電磁界も境界条件を満たした特定の分布だけが存在できる。このような電磁界の存在条件は横モードと呼ばれ，断面の電磁界分布を決める。共振器内部の電磁界分布は一つの縦モードと一つの横モードにより与えられるので，共振周波数の精密な値は両方のモード数により決定される。

8.4 レーザ発振

共振器の中にレーザ活性媒質を置くと，発光した光が誘導放出により増幅されるとともに，共振器により選択される電磁界モードのみが選択される。増幅が損失を上回ると，発振に至る。**図 8.6** に示したように，活性媒質を共振器の中に入れた光学系において，活性媒質の増幅定数を G とし，一つの反射鏡による反射による損失を L，活性媒質の距離を h とすると，発振に至る条件は

$$(1 - L)^2 \exp(2Gh) \geq 1 \tag{8.9}$$

により与えられる。損失 L は反射鏡の回折や反射率，光学系の散乱などによる。増幅定数 G は活性媒質の励起により増えるので，増幅が損失を上回った時点でレーザ発振が生じる。さらに媒質の励起が高まると，光量が増加するが，誘導放出も増えるので，増幅定数は低下し損失と釣り合った式（(8.9) の等式条件）が成り立つ。

図 8.7 には He–Ne レーザの構造を示し，**図 8.8** には増幅利得，損失，モードと周波数の関係を気体レーザ（He–Ne レーザなど）の場合に表した。

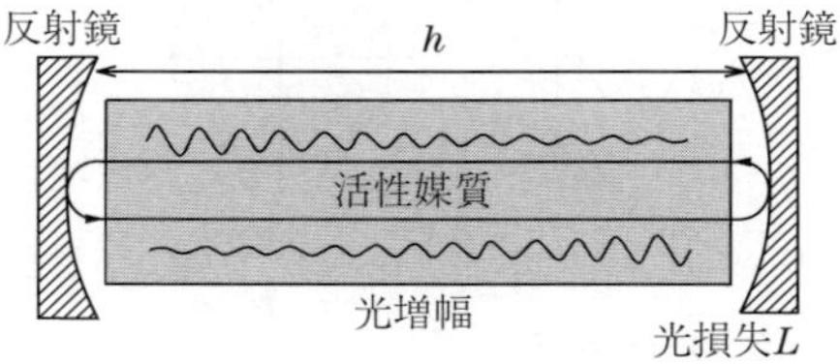

図 8.6　レーザの構造

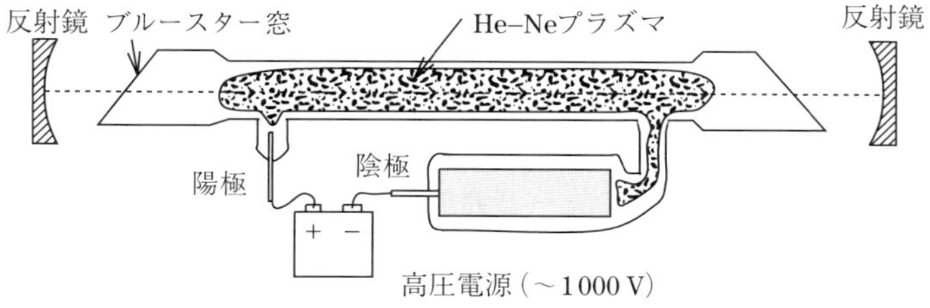

図 8.7 He–Ne レーザの構造

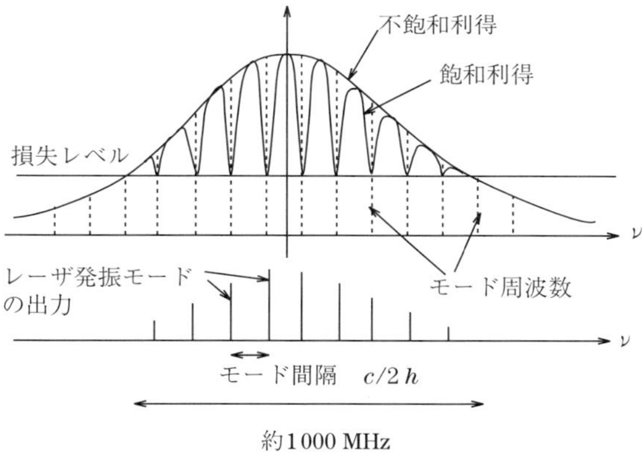

図 8.8 利得曲線と発振モード

レーザの活性媒質は図 8.2 に示したエネルギー準位間隔に一致した周波数をもった光を増幅できるが，エネルギー準位にはわずかな広がりがあるので，この帯域内で増幅が可能となる。エネルギー準位の広がりは，気体原子の熱運動によるドップラー効果で生じている。

したがって式（8.7）で示された利得定数は，周波数依存性としてスペクトル線の形状関数 $f(\nu)$ をもつ。$f(\nu)$ の幅は 1 000 MHz 程度である。He–Ne レーザでは割合は小さいが，利得定数の広がり $f(\nu)$ には有限の寿命をもつ準位の不確定性原理による広がりも含まれている。図 8.8 に示した不飽和利得曲線は発振前に活性媒質がもっている利得である。共振器の縦モード間隔は式（8.8）より，$c/2h$ に等しいが，100 MHz 程度となる。

したがって，利得曲線の中にいくつかのモードが含まれる。不飽和利得が損失レベルを上回るとき，発振が生じる。レーザ発振が生じると発振しているモードの光は強くなるので，誘導放出が激しく生じて，レーザ上準位密度が低下し，利得が下がる。利得の値が損失レベルと一致するまで，出力は増加する。

図8.8にはHe-Neレーザのレーザ発振モードの概略を示したが，数モードのレーザが同時に発振する。したがって多モード発振となる。原子の発光スペクトルは線スペクトルであるが，太陽光や発光ダイオードに比較して，きわめて狭いスペクトルとなる。線スペクトルの広がりは利得曲線の広がりと同じ程度であるので，1 000 MHz程度に広がっている。

これに対して，一つのモードのレーザ発振周波数の広がりは一つのモードのQ値で決まる広がり（5.5節で述べたファブリー・ペロー干渉計の干渉曲線の幅）で抑制され，さらに狭い周波数範囲で発振する。レーザ光のスペクトル広がりは，理想的には，自然放出などのノイズにより決定され，安定化されたHe-Neレーザでは10 Hzレベルに達する（理論的には10^{-4}Hz程度となる)。

多モード発振のレーザ光を干渉実験などに利用すると，図8.8で示したいくつかのモードのレーザ光が重なり合うので，時間的コヒーレンスは自然放出光である原子の線スペクトルの場合とあまり変わらない。時間的コヒーレンスの優れたレーザ光を得るには単一モードの発振が必要である。

単一モード発振を得るためには，モード間隔を広げて利得曲線の中に一つのモードのみが含まれるように光学系を設計する。あるいは利得を下げて，損失レベルより上に出る利得領域を狭くして，単一モード発振を得る。モード間隔を広げるためには，共振器間隔を短くする必要があり，同様に利得は低下する。このように，レーザ光は自然光とは異なり，きわめて周波数広がりの小さい，単色の光であることがわかる。

図8.9には，He-Neレーザに関係するHeとNeのエネルギー準位と励起過程を示す。

He-Neのレーザ発振線は632.8 nmと1.15 μm，3.39 μmであるが，それらの上準位$3\,s_2$，$2\,s_2$へのエネルギー移行はHeの準安定準位である2^1S，2^3Sとの衝突で生じる。

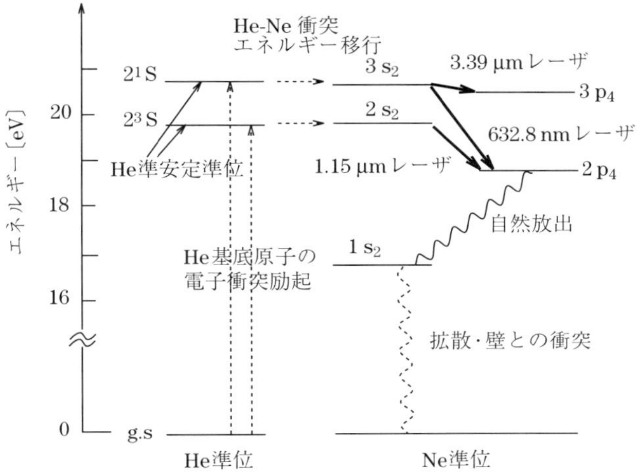

図 8.9　He-Ne レーザのエネルギー準位と励起過程

$$\underset{(2^1\text{S 準安定準位})}{\text{He}^*} + \underset{(\text{基底準位})}{\text{Ne}} \rightarrow \underset{(\text{基底準位})}{\text{He}} + \underset{(\text{レーザ上準位})}{\text{Ne}^*} \qquad (8.10)$$

このようにレーザの上準位が衝突により選択的に励起されるため，レーザ下準位より密度が増加して，反転分布が生じる。

8.5　発光ダイオード

発光ダイオード（light emitting diode：LED）は小形の光源として多く用いられている。家電機器の電気入力状態の表示，数値の発光表示，リモコンの短距離の空間通信などに用いられている。最近では交通信号器などの強い発光強度が必要な用途や照明などへの応用も期待されている。発光ダイオードの構造は半導体 pn 接合である。pn 接合に電流を流すことで，電子とホールの再結合により光を発生させる。**図 8.10** に LED の基本構造とエネルギー準位を示す。

発光ダイオードの発光層は半導体の pn 接合層である。pn 接合の空乏層近傍に注入された電子とホールは再結合により発光する。図 8.10 の pn 接合にお

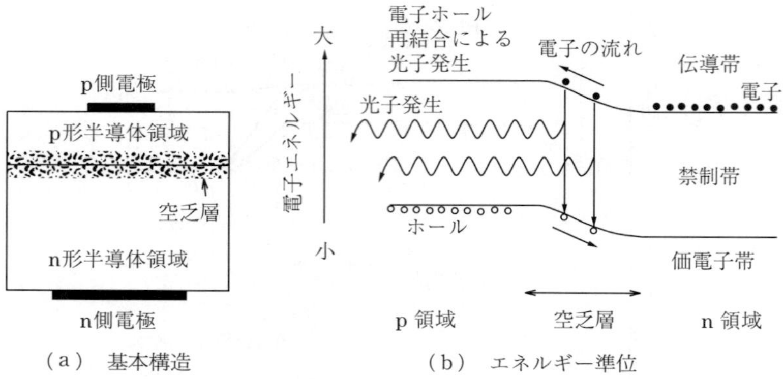

図 8.10　発光ダイオードの基本構造とエネルギー準位

いて p に正，n に負の順方向の電圧を印加する。p 領域ではアクセプタ原子を不純物として加えているのでホールが多数キャリヤである。n 領域では，ドナー原子により電子が多数キャリヤである。もし p 領域と n 領域がはじめ離れており，接合した直後を考えると，それぞれの多数キャリヤは相手の領域に拡散する。拡散が進むと再結合により拡散したキャリヤは消滅する。

pn 接合近傍領域には不純物イオンがむき出しとなり電位を発生し，拡散を抑制する電界が発生する。図 8.10 のエネルギー準位図のように，電子とホールに対して障壁となる電位が発生した状態で平衡する。外部よりダイオードの順方向（pn に正負電圧をかける方向）に電圧を印加すると，障壁電圧は低下し，多数キャリヤの拡散が発生する。拡散した電子はホールと，ホールは電子と再結合し光を発生する。これが発光ダイオードの原理である。発光ダイオードの用いられる半導体のエネルギー帯構造は，直接遷移形が主である。

シリコンは集積回路や可視光検出器に用いられる半導体であるが，間接遷移形の半導体であるため発光効率が悪く，発光素子には用いられない。直接遷移形は発光の機構として，電子とホールが再結合するとき，伝導帯から価電子帯への遷移において運動量が変化しない遷移で，運動量とエネルギーの空間において垂直遷移が生じ，効率よく発光する。

これに対して，間接遷移形の場合は，遷移に対して運動量の変化が生じるので，電子の遷移エネルギーは発光に対しては不必要な熱や音のエネルギーにも変化するので，効率のよい発光を実現することができない。直接遷移形半導体として発光層が GaAlAs（赤），GaN（青），ZnS（青），間接形として GaP（緑），GaAsP（黄色～赤），などがある。

pn 接合部において電子とホールの再結合を効率よく行うことで発光の効率を改善できる。このために接合部分の構造が工夫されている。禁制帯幅の異なる層を積層することで，効率のよい発光が実現できる。禁制帯幅の異なる結晶を接合するためには結晶の格子定数がほぼ等しく，ひずみや欠陥が発生しないことが必要である。

GaAlAs は $Ga_{1-x}Al_xAs$ のように Ga と Al の割合 x を変えても格子定数が変わらず，安定なヘテロ接合を製作することができる。組成の割合 x が 0 と 0.37 間において直接遷移形半導体となる。異なる結晶と接合して形成された pn 接合をヘテロ接合と呼ぶ。発光層の片側のみにヘテロ接合を形成したものをシングルヘテロ接合という。

図 8.11 にシングルヘテロ接合を用いた発光ダイオードの構造とエネルギー準位を示す。GaAlAs の組成割合を図のように組み合わせることで，結晶格子定数を同じにしてエネルギー禁制帯の異なるヘテロ接合を実現できる。禁制帯幅が異なるので，電位障壁により，ホールのせき止めが生じて，活性層内での

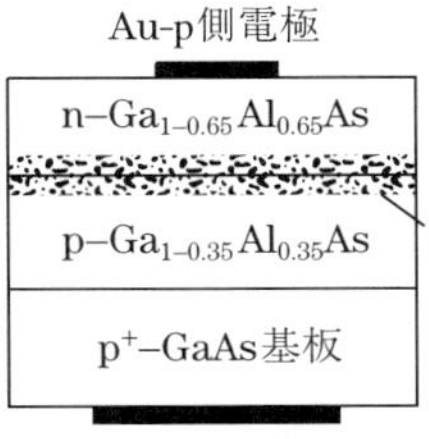

（a） 構 造

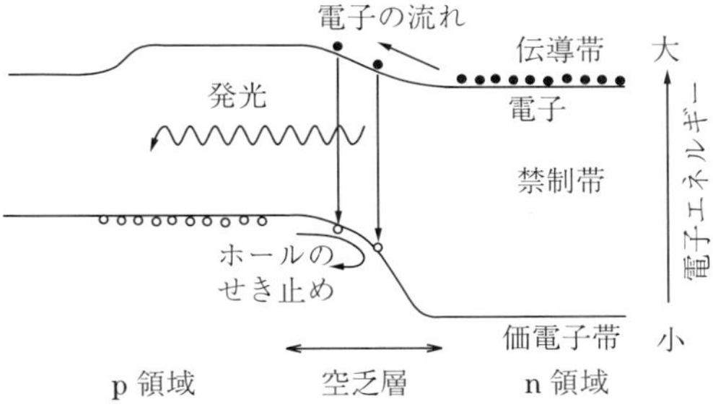

（b） エネルギー準位

図 8.11 シングルヘテロ接合を用いた発光ダイオードの構造とエネルギー準位

発光が盛んに生じる。

活性層の両側を禁制帯幅の広い材料で挟んだ構造はダブルヘテロ接合と呼ばれ，両多数キャリヤを活性領域に閉じこめることができるので，さらに発光効率を高めることができる。ダブルヘテロ構造はLEDでも用いることができるが，高い励起効率を必要とする半導体レーザにおいて重要な構造である。また活性層に単純なpn接合の代わりにナノメートルレベルの薄膜を用いた量子井戸構造を用いるとさらに効率を高めることができる。

表8.1には，半導体材料と発光ダイオードの波長について示した。現在では青色（GaN半導体）から赤・近赤外（GaAs半導体）までの領域で安価な発光ダイオードが得られている。半導体レーザ発振も同様の波長領域で得られているが，現在研究が進められているものもある。

表8.1　半導体材料と発光ダイオードの波長

色	代表波長〔nm〕	材料(不純物)/基板
紫外光	365～380	AlGaN
青 緑	450～475 520～525	GaInN
緑 黄緑	560～575	InGaAlP/GaAs
黄	585～595	InGaAlP/GaP
赤	650	InGaAlP
赤	660	GaAlAs/GaAs
赤	700	GaP(Zn，O)
赤外	780 880	GaAlAs
赤外	940	GaAs

8.6　半導体レーザ

レーザには多くの種類があるが，最も多く用いられているレーザは半導体レーザである。半導体レーザは小形であり，電流を流すことで発振するので，励

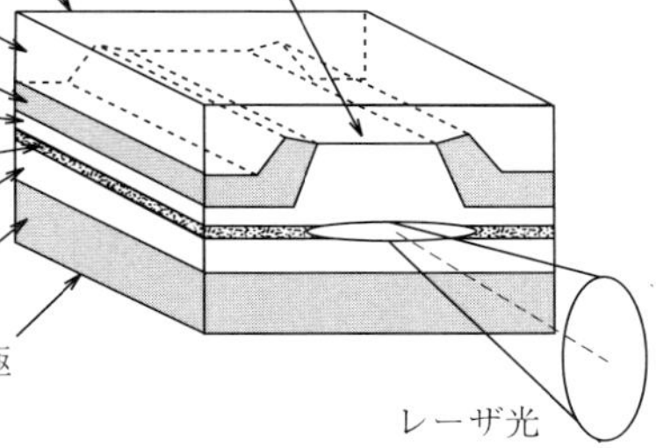

図 8.12　半導体レーザの構造

起方法が簡便である。このため，光ディスクやプリンタなど多くの情報精密機器に用いられている。**図 8.12** に半導体レーザの構造の例を示す。

レーザに用いられる半導体は GaAs で赤色から近赤外の波長で発振が得られる。最近では GaN 半導体が開発され，バンドギャップが大きいので青色で発振が得られる。レーザの活性領域は p 形と n 形の半導体の接合部である。p 形半導体は電流の担い手である多数キャリヤとしてホールをたくさん含んでいる。n 形半導体は多数キャリヤとして電子をもっている。pn 接合されている活性領域には p 形半導体からホールが，n 形から電子が拡散して流れ込む。電子のエネルギー準位は不純物ドナー順位の上の伝導帯下部にあり，ホールの順位はアクセプタの準位のすぐ下の価電子帯上部にある。

したがって，電子とホールが出会うと結合により準位間のエネルギーをもった光子を放出する。光子のエネルギーは禁制帯エネルギー幅にほぼ等しい。このような状況で同じエネルギーの光が入射すると，誘導放出が生じる。誘導放出で増幅された光は反射鏡で反射されて繰り返し増幅作用を受けて発振する。反射鏡は半導体結晶のへき開面を用いている。結晶のへき開面は，結晶面が表れているので，平坦である。また，半導体の屈折率は高いので，フレネル反射は数 10 %である。損失は大きいが，利得が高ければ発振に至る。

発光の効率を上げるために，注入する電流密度を上げる工夫と，発生光を閉じ込める構造が用いられている。活性層の上下に活性層より屈折率の低いクラッド層を設けて，発生した光を閉じこめている。またp形クラッド層の厚さをストライプ状に厚くし，光の通り道（光導波路）となるリッジストライプ構造を形成している。その側面は電流狭窄層であるn-GaAs層で埋め込んでいる。

この層によりp形クラッド層に結合する領域を狭くしてリッジストライプ構造を形成し，流れる電流を狭い領域に集中させている。活性層から出たレーザ光はへき開端面から放射される。活性層が薄いので，レーザ光の断面は横長の楕円形状となるが，伝搬すると縦方向の回折広がりが大きいので縦方向に広がった楕円ビームとなる。

演 習 問 題

【1】 原子準位の寿命が10 nsであるとき，不確定性原理より準位のエネルギー広がりを求めよ。

【2】 レーザ発振の条件の式(8.9)を導出し，反射鏡の損失 L が5％であるとき，1 mのレーザで発振するために必要な利得はどれだけか。

【3】 【2】で得られた利得を誘導放出により得るためには，どれだけの反転分布密度が必要か式(8.7)から計算せよ。ただし上準位の寿命を100 nsとして A 係数を上準位の寿命の逆数と近似する。また統計的重率は上下の準位で同じとする。スペクトル線の形状関数 $f(\nu)$ は $f(\nu)=1/\varDelta\nu$ として $\varDelta\nu=1\,000$ MHzとする。また波長は500 nmとする。

【4】 半導体レーザの出力ビームが縦長の楕円形になる理由を述べよ。

【5】 半導体レーザの光軸方向の長さが1 mmである場合，モード間隔は周波数でどれだけか。また発振波長がおよそ600 nmであるとき，モード間隔は波長ではおよそどれだけの間隔に相当するか。

9 光 検 出 器

9.1 ホトダイオード

光技術の利用において，光検出器は光源と同様に欠かせない。光検出器は光源波長や分光領域において必要な種類を選択して用いられる。また画像計測には，光検出器の2次元アレーが用いられる。本章においては，一般の光計測によく用いられる光検出器について説明する。

ホトダイオードは光量測定において最も一般的に用いられるセンサである。照度計，カラーセンサ，分光センサなどに用いられる。小形，軽量であるので，振動に強く，多くの光機器に組み込まれている。**図9.1**にpn形ホトダイオードの構造を示す。

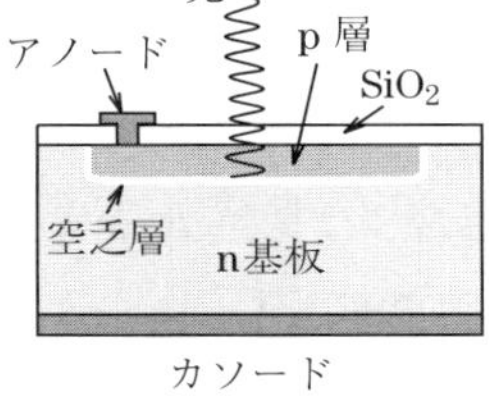

図9.1 pn形ホトダイオードの構造

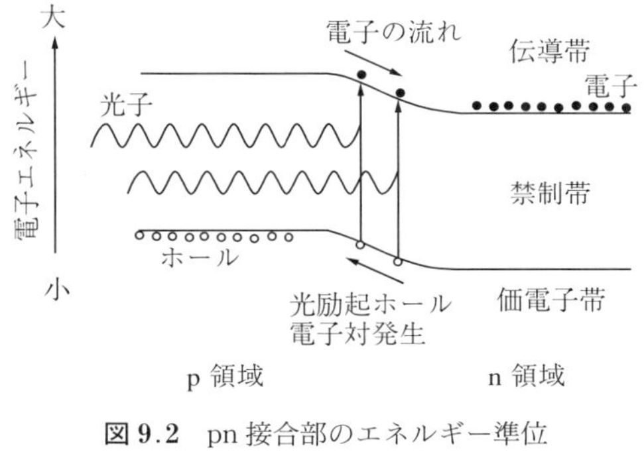

図9.2 pn接合部のエネルギー準位

半導体基板に pn 接合を製作するとダイオードとして動作する。p 形半導体にはホールが多数あり電流を担う。一方 n 形領域には電子が多数存在し，電子電流が流れる。p 形半導体に接続された電極をアノードと呼び，n 形半導体に接続された電極をカソードと呼ぶ。整流作用では，アノードを正にカソードを負に接続するとき導通し，逆のときは電流が流れない。**図 9.2** に pn 接合部のエネルギー準位の概略を示す。

外部の回路と接続しないとき，pn 接合部では，p 形の領域からホール（正孔）が n 形の領域に拡散し，また逆に，n 形の領域から電子が p 形の領域に拡散した結果として，pn 接合部には空乏層が生じ，電位の障壁ができている。外部から，半導体のバンドギャップよりも大きなエネルギーをもった光子が入射すると，光子を吸収した電子は下の価電子帯から上の伝導帯に励起される。

光子の吸収により，ホールと電子のペアが形成される。空乏層の領域で発生したホールと電子のペアは，空乏層に発生している電界のため，電子は n 形領域に，ホールは p 形領域に分離され流れる。このため，照射した光量に応じて，光照射による電流（光電流）が流れる。外部回路に対しては，アノードから流れ出る方向に光電流が流れる。このときダイオードは電流源とみなせる。

ホトダイオードの表面積が大きいほど電流量が多くなる。電流の流れる方向はアノードから電流が流れ出る方向で，ダイオードの逆方向である。光測定を行う場合には，電流を電圧に変換して出力する。**図 9.3** にホトダイオードを用いた光検出回路の基本を示す。回路にはホトダイオード（PD）と増幅器（オペアンプ）を接続して構成する。

図 9.3(a)においては，電流源となるホトダイオードからの電流はオペアンプの仮想接地入力のため外付け抵抗 R に流れる。得られる電圧は光電流を I_p とすると，$I_p \times R$ により得られる。光量が少ない場合には抵抗 R を大きくするが，アンプの入力抵抗が無視できなくなるので，限界がある。ホトダイオードの出力電流が小さいので，精度を必要とする光センサの場合，逆バイアス回路が用いられる。

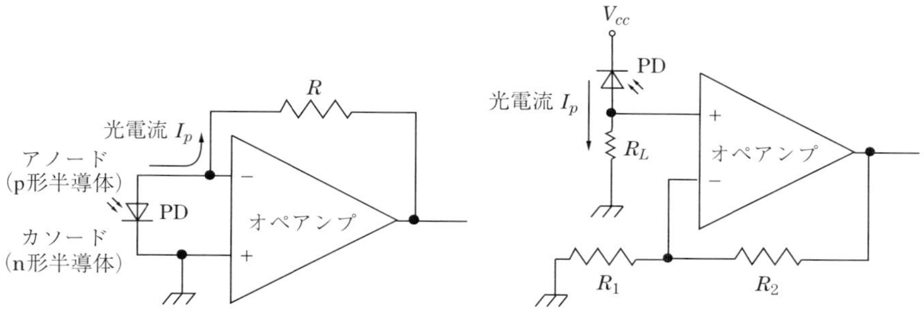

（a） 電流増幅光量測定回路　　（b） 電圧増幅光量測定回路

図 9.3 ホトダイオードを用いた光検出回路の基本

図(b)においては，電圧に変換したのち増幅する回路である。ホトダイオードを抵抗 R_L との直列回路に接続し，ダイオードに逆方向の電圧（逆バイアス V_{cc}）を印加する。光照射により光電流が流れると抵抗 R_L に電流が流れ，その両端に電圧が発生する。発生した電圧を入力抵抗の大きな増幅器により増幅する。

ホトダイオードにはいろいろな半導体材料が利用される。シリコンはホトダイオード材料としてよく用いられる。シリコンは集積回路にも利用されるので，ホトダイオードと電子回路を同じ基板上に製作できることや，製作装置が共用できることなどのため，有用な点が多い。シリコン以外の材料では，ガリウムヒ素（GaAsP，InGaAs/InP）などの半導体材料が用いられる。材料の違いはバンドギャップの違いによる検出波長領域の違いとなる。光のエネルギー E と波長 λ の関係は

$$\lambda = \frac{1\,240}{E} \qquad (\lambda\ [\mathrm{nm}],\ E\ [\mathrm{eV}]) \tag{9.1}$$

により換算できる。シリコンのバンドギャップは 1.12 eV であるので，バンドギャップに対応する波長は 1.11 μm となる。この波長より短い波長の光はバンドギャップを越えて電子を励起できるので，シリコンホトダイオードにより検出できる。

図 9.4 にシリコンホトダイオードの光検出感度の波長依存性を示した。可視

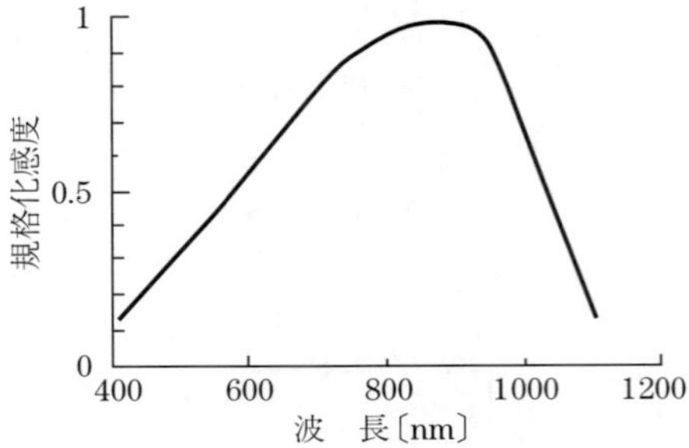

図 9.4　シリコンホトダイオードの光検出感度の波長依存性

光から近赤外の波長に感度をもつ。ガリウムヒ素（GaAs），インジウムヒ素（InAs）などの化合物半導体では，元素の混合によりバンドギャップを変えることができ，InGaAs では 0.4〜1.5 eV の範囲でバンドギャップが変化する。InGaAs では，光通信用の波長である 1.55 μm を中心に，0.9 μm から 1.7 μm で光検出が行えるホトダイオードが製作されている。

ホトダイオードは上に述べたように pn 接合で発生する光電流を利用するが，接合部の構造を工夫したホトダイオードも開発されている。pin（ピンあるいはピーアイエヌ）ホトダイオードは，pn 層の間に不純物濃度の低い真性（intrinsic）半導体領域を挟んで製作する。動作時には逆バイアス電圧をかける。i 層はホールも電子も少ないので，電流伝導を担うキャリヤが少ない状況でバイアス電圧（数 V）は i 層にかかり，強い電界のかかった空乏層が生じる。

外部から入射した光は p 層を通過し，i 層でホールと電子が発生する。発生した電子とホールは電界により，電極に移動し電流となる。i 層内の電界が大きいので，電子とホールが高速で移動できる。pin ホトダイオードは光変化に高速に応答する（Si-pin ホトダイオードで応答周波数 100 MHz 程度，pn 形では増幅回路によるが，1 MHz 以下でよく用いられる）。

このほかに，n 形半導体とアルミニウム薄膜の接触により生じるショットキー接合を利用したショットキー形ホトダイオードは，紫外線などの短波長の検出に用いられる。高速応答のホトダイオードとして pin ホトダイオードのほかにアバランシホトダイオード（APD）がある。

アバランシホトダイオードではpn接合に大きな逆バイアス電圧（100 V程度）を加え強い電界を形成する。光照射により発生した電子とホールは強い電界で加速され，衝突によって二次キャリヤを雪崩的に発生する過程を繰り返す（アバランシ効果）。このような自己増倍作用により出力電流を数十倍に増す。このため感度が高く端子間容量を等価的に下げるので，高速に応答する。光通信などに用いられる。

ホトトランジスタは，ホトダイオードとトランジスタの増幅機能が組み合わされた受光素子である。構造を**図9.5**に示す。ホトダイオードが光を受けて発生する電流は小さいので，信号として使用するには電流を増幅する必要がある。増幅をトランジスタの機能で実現した受光素子がホトトランジスタであるが，トランジスタにおいてベースを外部に接続せず，ホトダイオードに接続した構造である。光照射でベース領域に電子とホールを発生させ，ベース電流を光電流で供給する，トランジスタの増幅作用によりエミッタとコレクタ間に増幅された電流が流れる。

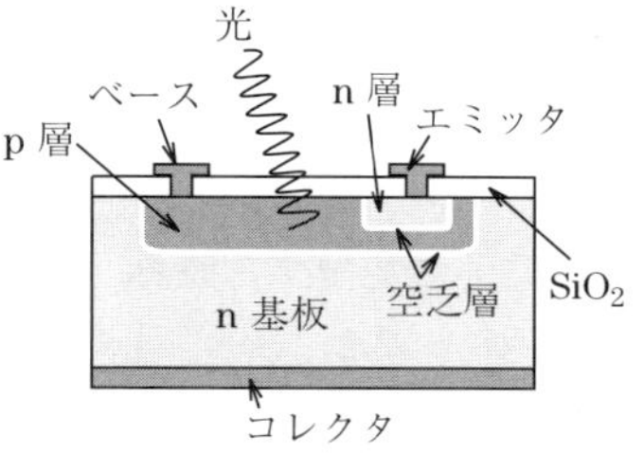

図9.5　ホトトランジスタの構造

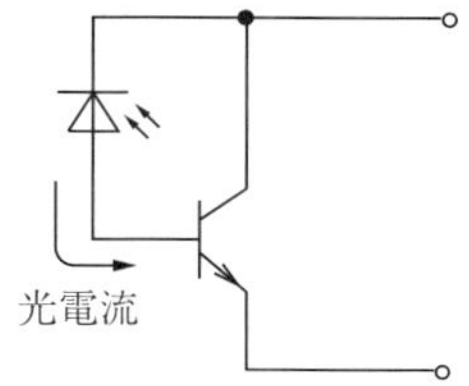

図9.6　ホトトランジスタの等価回路

ホトトランジスタの等価回路を**図9.6**に示す。npnトランジスタの場合においては，ベースとコレクタの間にそれぞれホトダイオードのアノードとカソードが接続された回路となる。

図9.7にシリコンホトトランジスタの光電流（コレクタ電流）とコレクタ‐エミッタ電圧の関係を示す。光照射量（数 mW/cm² 程度）がパラメータとなり，一般のトランジスタ特性と同様の特性が得られる。

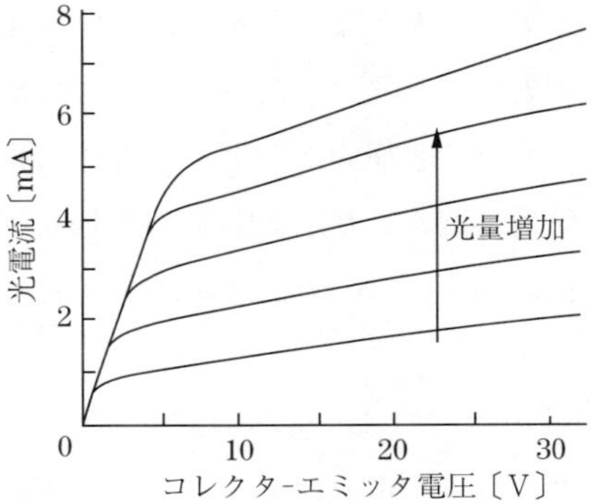

図 9.7　シリコンホトトランジスタの特性

9.2 光電子増倍管

きわめて微弱な光量の測定には光電子増倍管が用いられる。光電子倍増管は二次電子放出効果を利用した光増幅器の一種である。光子係数法にも用いられ，毎秒１カウントレベルの光子数を計数でき，極限の微弱光を検出することが可能である。光電面を選択することで可視光だけでなく，紫外線，近赤外線にも用いることができる。分析機器，医用機器，放射線計測器，公害測定器などに用いられる。

光電子増倍管の構造を**図 9.8** に示す。光を電子に変換する陰極（光電面），集束電極，電子増倍部，電子を集める陽極を真空のガラス容器に収めてある。光が光電面に入射すると，光電効果により真空中に光電子が放出される（数十mA/W）。光電面は仕事関数が小さいアルカリ金属を主体とする化合物半導体で製作される。電子は集束電極によって電子増倍部に導かれる。電子増倍部で

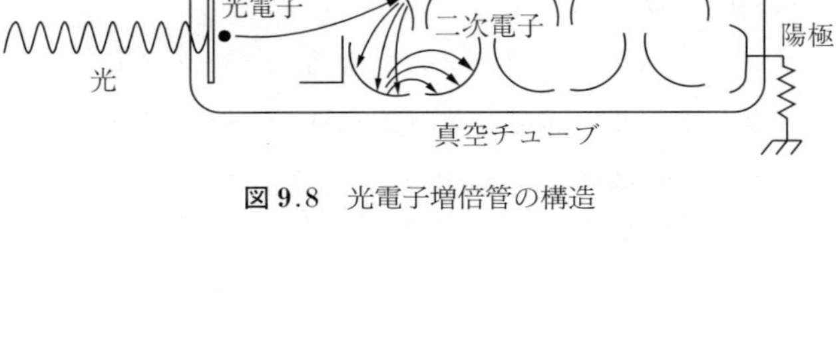

図 9.8　光電子増倍管の構造

は電極間に高電圧が印加されており，電子が衝突して二次電子放出によって増倍される。

多段の増倍用電極で二次電子により増幅された電子（10^6〜10^7倍）は，出力信号として陽極に集収される。二次電子放出効果による増倍のため，光電子増倍管は，際立った高い感度と低ノイズ特性を有している。光電効果により発生した1個の電子も増幅され1パルス電流となるので，光子計数が行える。応答速度は電子の移動速度により数十ns程度である。

9.3　CCDイメージセンサ

CCDはcharge coupled device電荷結合素子の頭文字を取ったもので，1970年Bell研究所のBoyleらが発表した一種の半導体記憶素子である。スキャナ，ディジタル複写機，ファクシミリの読取り部分やディジタルカメラなどにイメージセンサとして広く利用されている。**図9.9**にCCDの表面から見た構造を示し，**図9.10**にCCDの読出し部断面構造を示す。

半導体の表面を覆った絶縁膜の上に多数の電極（転送電極）を配列させてある。n形基板に拡散によりp形層を形成し，さらにその中にn形領域を島状に

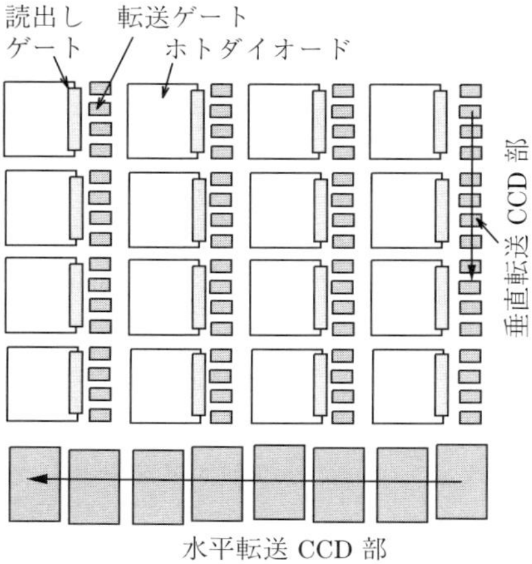

図9.9　CCDの表面から見た構造

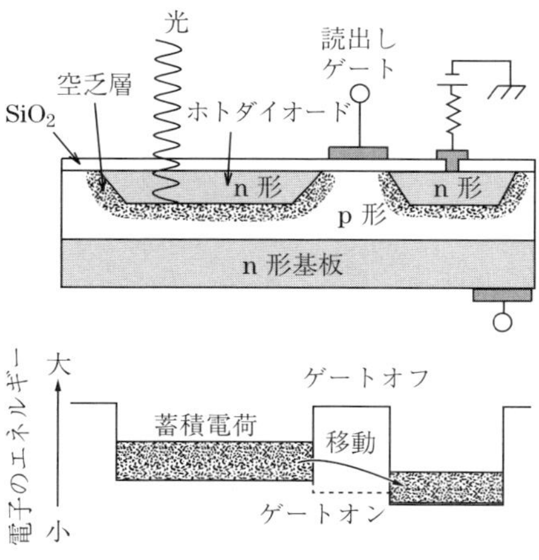

図9.10　CCDの読出し部断面構造

形成している。p形とn形の境界領域では，それぞれの多数キャリヤであるホールと電子が拡散するが，ある程度拡散すると発生する電界のため電位障壁が形成される。電界はpn接合領域の不純物原子のイオンがむき出しになったことで発生するが，この領域ではキャリヤがないので空乏層と呼ばれる。

それぞれのホトダイオードからの信号を直接に配線により取り出すためには，画素数に相当する配線が必要となり，基板上の限られた面積に全配線を引くことは困難である。CCDではそれぞれの画素のホトダイオードで生じた光電荷を順次移動させながら読み出すので，配線の問題は解決され，また画素の面積も広くとることができるので有用である。しかし電荷の読出しに時間がかかるので，高速の画像取得には限りがある。

ホトダイオード領域に光が入射すると，図9.10に示すホトダイオードのpn境界の空乏層領域に電子ホール対が生成される。電子はバスタブ形状の空乏層により囲まれたn形領域に蓄積される。電荷が蓄積された状態で，読出し電極（ゲート）に正電圧を印加すると電極の下に空乏層が発生し，電子に対する電位を下げる。このため，蓄積された電荷は隣の空乏層に移動する。したがって，ホトダイオードで発生した電荷は垂直転送CCD部に移動される。

垂直転送CCD部の断面構造と転送の原理を**図9.11**に示す。n形基板にp層を形成し，さらにその上にn層を形成した構造である。絶縁層であるSiO_2層を挟んで，転送電極が並べて形成されている。pn接合部には空乏層が形成されている。転送電極（ゲート）に電圧を印加すると，その下の領域の空乏層が拡大し，バスタブ形状の電位分布が形成される。転送ゲートの電圧を順次切り換えてバスタブ形状のポテンシャルを右方向に移動していくと，電位の低い所に蓄積されていた電荷は電位の変化とともに移動する。

このようにして，ホトダイオードで発生した電荷を垂直転送CCD部により移動させることができる。垂直転送CCD部により移動されてきた電荷は，引き続き水平転送CCD部により電荷の分布を保ちながら，順番に読み出されて行く。水平転送の電荷輸送のための電位分布は図9.11に示したものより工夫されているが，原理的には同様である。

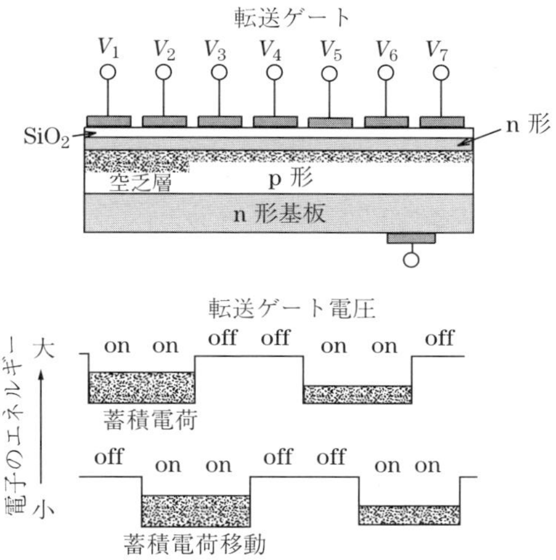

図 9.11 垂直転送 CCD 部の構造と転送の原理

9.4 半導体位置検出センサと応用

精密機械やメカトロニクス機器では位置や速度のセンサを用いることで，制御の性能を向上できるので，センサの導入は今後ますます必要になると考えられる。本節では，形状や位置の計測など，精密機械やメカトロニクス機器によく用いられる光センサについて紹介する。

光の直進性を利用した位置のセンシング方法には，半導体位置検出センサがよく用いられる。光スポットの位置を半導体光センサ上で計測する。光源には光線の広がりが少なく，直線性の優れたレーザが用いられる場合が多い。半導体位置検出素子としては，分割したホトダイオードを用いた 4 分割ポジションセンサと，光スポットで発生した電荷を表面の抵抗層を通して測定することで位置を知るもの（ポジションセンシティブディテクタ：PSD）の 2 種類がよく用いられる。どちらも半導体で形成されたホトダイオードを用いている。

4 分割ポジションセンサを用いた測定法を述べる。構造は，**図 9.12** に示す

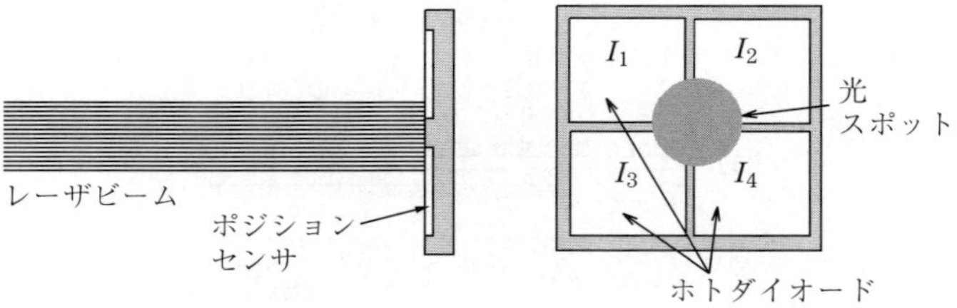

図 **9.12**　4 分割ポジションセンサの構造

ように，ホトダイオードが四つ近接して製作されている。

光スポットがセンサ上に入射したとき，分割ポジションセンサの中央位置に対するスポット中心の位置を四つのホトダイオードからの信号（I_1，I_2，I_3，I_4）から求める。X 方向の規格化した変位 V_X と Y 方向の変位 V_Y が以下の式から得られる。**図 9.13** に 4 分割ポジションセンサの変位 X，Y に対する信号 V_X，V_Y の概略を示した。

$$V_X = \frac{(I_1 + I_3) - (I_2 + I_4)}{(I_1 + I_3) + (I_2 + I_4)} \tag{9.2}$$

$$V_Y = \frac{(I_1 + I_2) - (I_3 + I_4)}{(I_1 + I_2) + (I_3 + I_4)} \tag{9.3}$$

光強度で正規化されているので，光強度のゆらぎの影響は少ない。変位測定の線形測定領域はビームのスポットサイズとホトダイオードの大きさにより制限され，大きな変位を測定するには適さない。わずかな変位の測定や光スポットとセンサの中央位置の間の位置合せに用いられる。変位信号 V_X と V_Y の値が

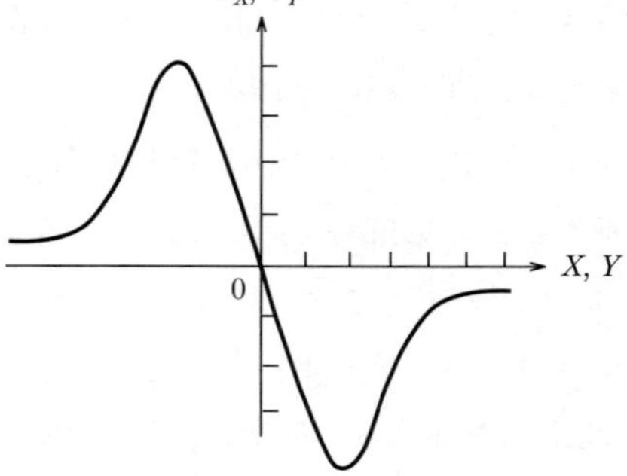

図 **9.13**　4 分割ポジションセンサからの信号の概略

0となるとき，二つの中心の位置合せが完了する。

レーザ光線の方向安定性はHe–Neレーザでおよそ1 μrad程度であるが大気の流れや温度ゆらぎにより測定感度は影響を受ける。静かな実験室で1 m程度のレーザ光線を用いたとき，位置合せ精度はおよそ1 μmくらいである。また，小さい測定範囲であれば変位センサに用いられるが，例えば反射光の光ビームをとらえて，スポットの移動から反射面のわずかな傾きを測定できるので，原子間力顕微鏡の探針の変位測定に用いられている。光スポットがそれぞれのホトダイオードで分割されて検出されていることが必要なので，分割センサの大きさがスポットよりもある程度大きい場合は，測定範囲は光スポットの半径程度である。

4分割ポジションセンサの特別な応用例として，光ディスクの焦点位置合せについて説明する。光ディスクでは，レーザ光を集光してディスクに記録されたピットの情報を反射光により読み取る。サブミクロンの直径まで集光し，高い記録密度を実現しているので，焦点合せとピット列の追従（トラッキング）に制御技術を用いている。焦点合せには4分割ポジションセンサがよく用いられる。**図9.14**に光ディスクの光学系の概略を示す。

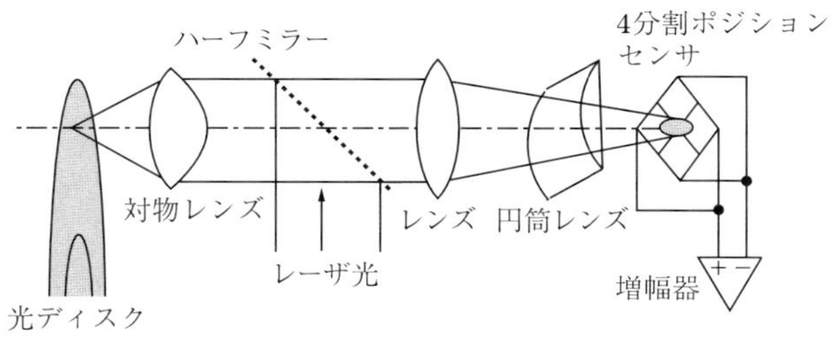

図9.14 光ディスクの焦点位置センシング

ディスクから反射された光の一部は，凸レンズと円筒レンズを通して4分割ポジションセンサに集光される。円筒レンズにより縦方向と横方向の焦点距離が変わる。すなわち，円筒レンズの円筒軸に垂直な面内で光線は屈折し，短い焦点距離をもつ。一方の円筒軸を含む面に平行な方向には集光されない。このため，図 9.14 に示すように，円筒レンズに近い位置では横長の楕円形状光スポットとなり，二つの焦点の中間で円形のスポットになり，さらに離れると縦長の楕円形状光スポットになる。

図 9.14 のようにスポットの変形に対して対角方向に 4 分割ポジションセンサを配置して，スポットの形状変化を信号として読み出すことができる。二つの焦点の中間に 4 分割ポジションセンサを置くと，ちょうど焦点が合ったとき円形のスポットになるので，センサの信号が釣り合う。光ディスクの面が遠ざかると，縦長のスポットとなる。逆にディスクが対物レンズに近づきすぎると横長のスポットになる。

つぎにもう一つの半導体位置検出素子である PSD の基本構造を**図 9.15** に示す。

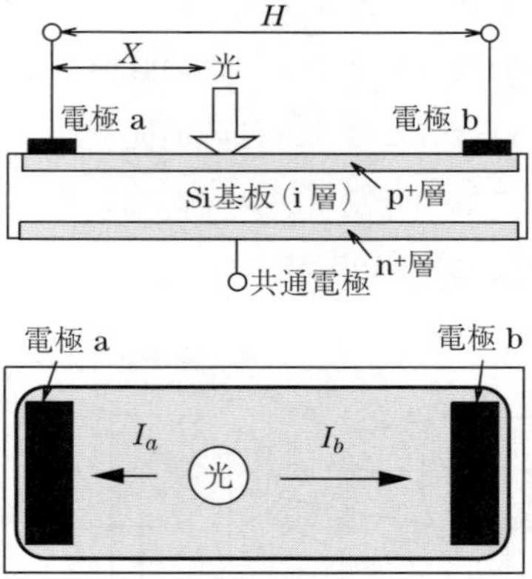

図 9.15　PSD の基本構造

シリコン基板の表面（片面あるいは両面）に均一な抵抗層が形成されている。光が表面に入射すると電子とホールの対が発生する。それぞれの電荷は，表面の抵抗層を通って電極 a，b に入る。スポット状の光が電極 a に近く，電極 b から遠い場合は，スポット位置から電極 b までの抵抗がスポット位置から電極 a までの抵抗より大きいので，電極 a のほうに多くの電流が流れる。

このように，電荷の発生位置によりそれぞれの電極に流れる電流の値が異なる。光スポットが中央にある場合のみ，同じ電流がそれぞれの電極に流れる。

1次元の場合を考えて，電極aから光スポットまでの距離を X とし，電極a，b間の距離を H とする。単位長さの抵抗を R とし，光スポットにより発生した電流を I_0 とすると，電極aに流れる電流 I_a と電極bに流れる電流 I_b は下式で与えられる。

$$I_a = I_0\frac{(H-X)R}{HR} = I_0\frac{H-X}{H},\quad I_b = I_0\frac{XR}{HR} = I_0\frac{X}{H} \tag{9.4}$$

したがって，距離 X は式（9.5）で与えられる。

$$X = \frac{H}{2}\left(1-\frac{I_a - I_b}{I_a + I_b}\right) \tag{9.5}$$

2次元PSDの場合は電極を二組直行して配置する。光スポットの位置によりそれぞれの電極に電流が流れるが，それらの値から，1次元の場合と同様にして，2次元の位置を導出できる。

物体の位置を測定する方法として，三角測量は簡単でよく用いられる距離計測方法である。1 cmから100 mスケールの広い範囲で測定に用いられる。三角形の底辺とその両側の角度から頂点までの距離を決定する方法である。近接距離の計測では，発光ダイオードとポジションセンサやホトダイオードのアレーを用いて計測系を構成できるので，小形のセンサを実現できる。物体の形状測定では，レーザ光の走査と画像計測を組み合わせた三角測量の方法も用いられる。

三角測量の基本原理を**図9.16**に示す。三角測量では対象物までの距離 h を求めるために，2点から物体上の1点を見たときの角度 α，β と2点間の距離

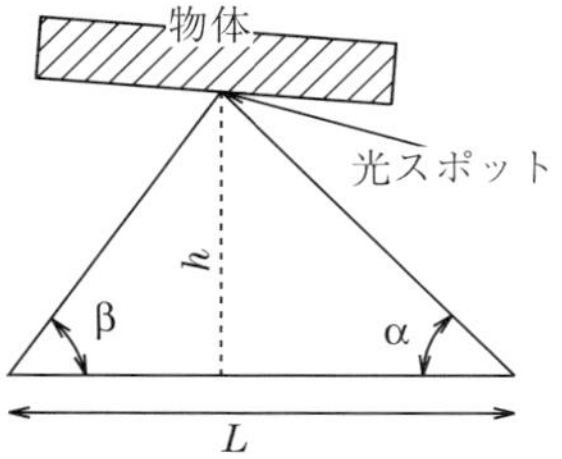

図9.16　三角測量の基本原理

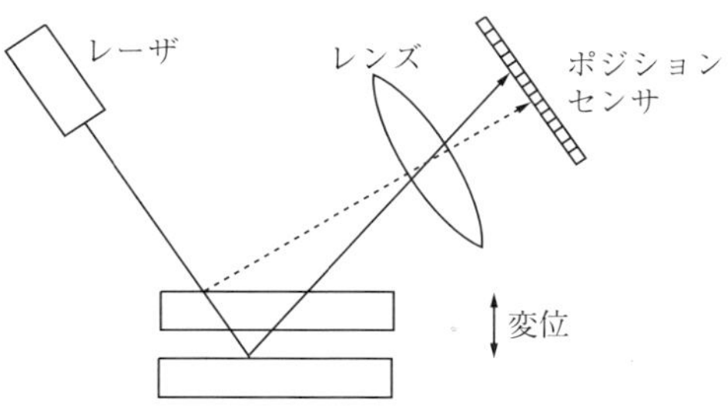

図9.17　ポジションセンサを用いた変位・距離計測方法

L を知って，h を導出する。簡単な幾何学的考察により，h は下式により与えられる。

$$h = \frac{L \tan\alpha \tan\beta}{\tan\alpha + \tan\beta} \tag{9.6}$$

図 9.17 は，物体とセンサの間の距離を三角測量により測定する簡単な近接距離センサの構成である。光源としてレーザや発光ダイオード（LED）が用いられる。光源の光を平行ビームとして物体に照射する。物体は一般に粗面であるので，反射光は広い角度で，散乱光として反射される。反射光の一部をレンズで集め，ポジションセンサで検出する。α の角度でレーザを照射して，レンズの中心を通った光線の方向にできる光スポットの位置をポジションセンサにより測定して，等価的に角度 β を求めている。スポット位置と物体距離の関係を校正しておけば，距離を求めることができる。

三角測量の応用例として，コンパクトカメラの距離センサについて説明する。カメラの距離センサは，被写体とカメラとの距離を測定し，レンズの位置を調節してフィルムや画像素子の上に像の焦点を合せる。焦点合せの方法には種類がいくつもあるが，三角測量の原理を用いた例を**図 9.18** に示す。

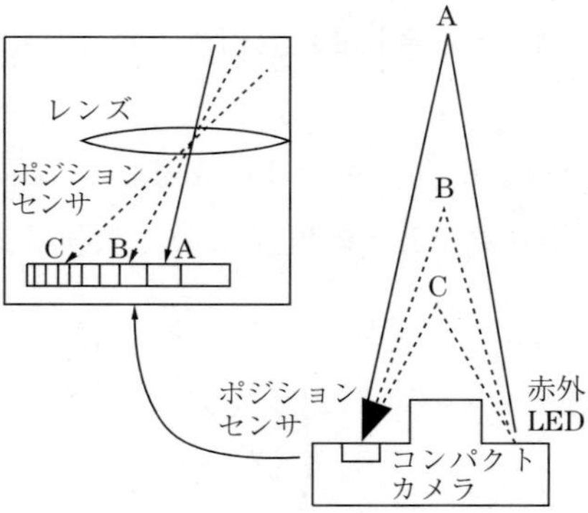

図 9.18　コンパクトカメラの距離センサ

赤外発光ダイオードから光を放射し，物体に当たって反射された光をレンズやピンホールによりポジションセンサ上で測定する。図 9.18 において，物体の位置が A，B，C と変わると，センサ上の光スポットの位置が変わる。ポジションセンサの前のレンズは単一焦点のレンズなのでA，B，Cのそれぞれの距離のすべてに焦点が合うわけではない。距離の変化とともに光スポットの直径は変化するが，スポットの中心位置がわかれば，距離が算出できる。

また，結像に必要な焦点深度の範囲にカメラレンズの距離が調節できればよいので，距離の分解能は，物体がカメラから遠ざかるにつれて粗くてよい。抵抗型ポジションセンサの代わりに，特定の距離範囲に対応する幅のホトダイオードを配列したホトダイオードアレーを用いてもよい。

ディジタルカメラやビデオカメラの場合は，画像素子により画像を電子的に取得できるので，焦点の状況は画像の鮮明度から求めることができる。焦点が合った状態では像の境界が鮮明になるので，画像の高周波成分が多くなる。したがって画像の高周波成分を調べ，この成分が最大となるように焦点を調節すればよい。このように，画像処理による方法もよく用いられる。

演　習　問　題

【1】 GaN半導体のバンドギャップは約3.5 eVである。GaN半導体でホトダイオードを製作すると，検出波長はどの程度になるか。

【2】 図9.3(a)の回路において抵抗 R として10 MΩを接続した。ホトダイオードの電流が0.1 μAであるときアンプの出力電圧は何Vか。

【3】 三角測量の原理を用いたセンサにおいて，光の照射角 α を90°とし，観測角を β とするとき，物体までの距離 h の角度に対する分解能 $\Delta h/\Delta\beta$ を求めよ。

10 マイクロ光学と光マイクロマシン

10.1　ホトリソグラフィーと光マイクロマシン

メカトロニクス機器の小形化は家電製品や情報機器において進展が著しい。今後，多くのセンサや情報機器において光を利用した計測や情報処理技術はますます重要となると考えられる。加えて，これらの機器の小形化は不可欠となっている。例えば小形の光学機器は，光ディスクのヘッドや携帯電話のディジタルカメラなどに用いられている。

このような小形光学機器においては，半導体の集積回路と同じように，多数の光部品を一括で製作できる方法が利用されはじめている。半導体集積回路の一括加工には，ホトリソグラフィーと呼ばれる写真製版が用いられている。例えば，小さいレンズ（マイクロレンズ）が多数並んだマイクロレンズアレーが製作され，ディスプレイに用いられている。このように小さな光学系を実現する学問分野はマイクロ光学と呼ばれる。

また，最近では，同様のホトリソグラフィー技術を用いて，小さな機械構造や可動の機構を一括で多数製作できるようになった。微細な機械構造の加工はマイクロマシニングと呼ばれる。また，このような小さな機械はマイクロマシンと呼ばれる。特に，光関係のマイクロマシンは，光の制御に大きな力を必要としないので，マイクロマシンの応用領域としても有望であり，この分野は

「光マイクロマシン」と呼ばれる。以下では，マイクロレンズアレーの製作方法や投影ディスプレイとして実用化されている，マイクロミラーアレーについて説明する。

まず，ホトリソグラフィーを用いたマイクロマシニング（半導体マイクロマシニング，あるいはシリコンが材料に多く用いられるのでシリコンマイクロマシニング）と呼ばれる加工法の概略を説明する。**図 10.1** に加工工程（プロセス）の概略を示す。

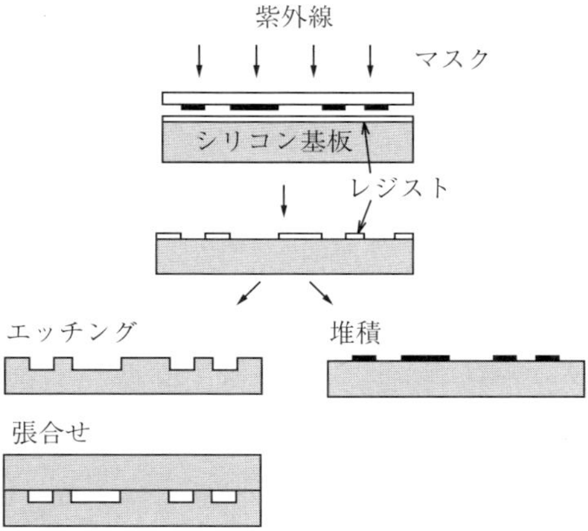

図 10.1　ホトリソグラフィーによるマイクロマシニング加工工程

図 10.1 の上からプロセスが進められるが，まずシリコン基板にホトレジストを塗布する。ホトレジストは，感光性のポリマーで紫外線の照射により不溶解性から溶解性に変化するもの（ポジレジスト）と，溶解性から不溶解性に変化するもの（ネガレジスト）がある。ホトレジストを塗布し，加熱し固化させた後，マスクを重ねて露光する。

マスクはガラス（石英）基板に光の透過部と遮蔽部の図形が形成されている。露光されたレジストを現像すると図 10.1 の 2 番目のように光の照射部が不溶解性となり，現像後に膜として残っている。この状態で除去加工（エッチング）を行うと，レジスト部分がマスクとなり，レジストで保護されていない部分が削られて溝ができる。

溝のできたシリコン基板と別の基板（ガラス）を張り合わせると，封じられた流路のような構造ができる。一方，エッチングを行わずに別の薄膜を堆積させてからレジストを取り除く（リフトオフ法）と，シリコン基板の上に別の膜がマスクの図形に形成できる。このような方法により微細な構造を製作できる。

つぎにホトリソグラフィーによるマイクロレンズアレーの製作方法を説明する。**図 10.2** に製作工程を示す。

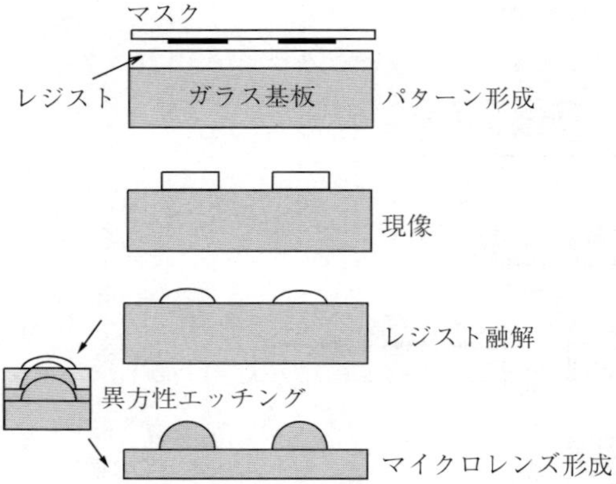

図 10.2　マイクロレンズアレーの製作工程

マスクにより円形図形をレジストに転写する。円形図形の直径は数十ミクロンである。現像により円柱のレジストが基板上に残る。この状態で電気炉に入れて，レジストが溶けるまで温度を上昇する。レジストが溶けると液体の表面張力により球面状に形が変形する。温度を下げると，レジストは再び硬化する。

この状態でレンズ形状のレジストが基板の表面に多数並んで製作される。レンズ状のレジストをマスクとして基板をエッチングする。このときエッチングの方法として後に述べるプラズマによるイオンエッチングを用いると，基板にイオンが垂直に入射するので，基板の垂直方向にエッチングが選択的に生じる(異方性エッチングと呼ぶ)。レジストはポリマーであるので，イオンを用いた異方性エッチングにより損傷を受けて基板と同様に削られる。

レジストのエッチングに対する耐性が基板より高ければ，レジスト厚さより基板が深く掘れる。このようにレジストと基板のエッチングの比が大きい場合は薄いレジストで深い穴が掘れる。さて，レジストがレンズ形状の場合は，レンズの周辺部分のレジストが基板のエッチングとともに除去されていく。レンズの中央部はレジストが厚いので，基板は保護され，エッチングされない。

レジストがすべてなくなるまでエッチングを進めると，図 10.2 に示すように，レジストと基板のエッチング比により拡大されたレンズ形状に基板を加工できる。レンズの形状はレジストが溶解したときの表面張力により決められるので，完全な球面ではないが，レンズ径が小さい場合は比較的球面に近いレンズ形状が得られる。このようにして，一括に多数のマイクロレンズが製作できる。

断面形状を三角波状にした回折格子をブレーズド格子と呼ぶ。ブレーズド格子において，個々の溝面の反射方向と回折格子全面での回折光の方向が一致するとき，回折効率が最大となる。このうような回折格子はフレネルレンズにも用いられている。ホトリソグラフィーにマスクパターンの転写と垂直エッチングを繰り返して，階段状のブレーズド格子が製作できる。**図 10.3** には回折格子の製作方法として用いられる加工工程を示した。

図 10.3 は 2 段階の最も簡単な例で，各工程のマスクとエッチング後の断面形状を示している。第 1 ステップで方形波状にエッチングを行う。第 2 ステッ

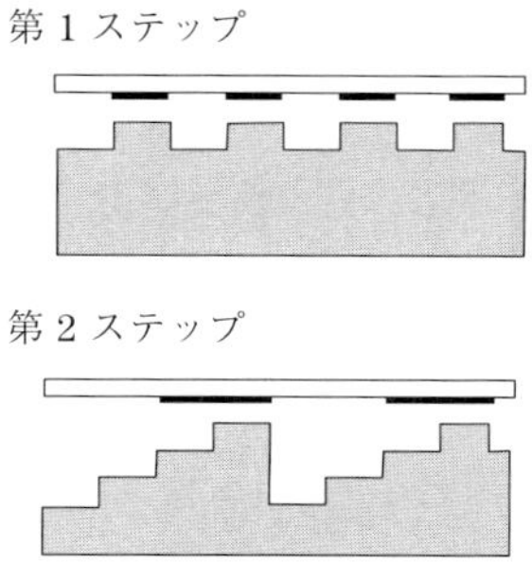

図 10.3　回折格子の製作方法

プでは周期が2倍のマスクを用いて位置合せ後にパターンを転写し，エッチングする。第2ステップのエッチング部分は第1ステップの形状を保ったままでエッチングが行われるので，適当な深さまでエッチングを進めると，図に示すように階段形状が得られる。

第1ステップでできた深さが2レベルの格子で1次回折光回折効率は最大で約40％であるが，第2ステップでできる4レベルの回折格子の効率は最大で80％に達する。さらに繰り返して滑らかな三角波形状を得ることで，効率を向上できる。

マイクロマシニングにより，立体的で可動の微小機械を製作することができる。マイクロミラーのアレーを用いた光を投影するディスプレイが開発され，市販されている。これは，液晶プロジェクタと同様にコンピュータやビデオの映像を拡大して表示するために用いられている。液晶プロジェクタでは1.9.2項および2.5節において説明したように，画素ごとに透過する光量を調節して画像の濃淡を表示する。

図10.4(a)にマイクロミラーを用いた投影型ディスプレイの構造の概略を示す。

傾きの変えられるマイクロミラーのアレーがマイクロマシニングにより製作

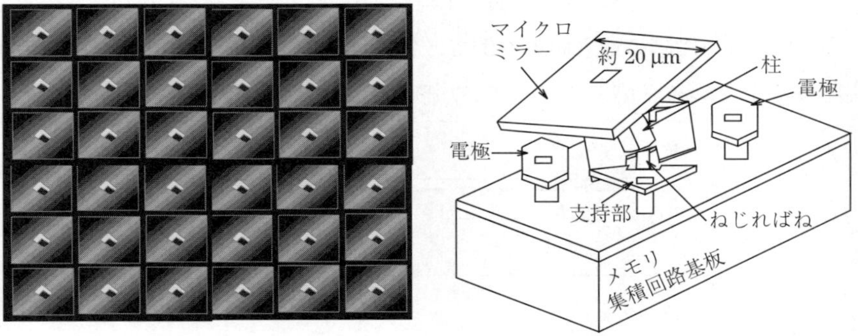

(a)　投影型ディスプレイに用いられるマイクロミラーアレー　　(b)　マイクロミラーの可動構造

図10.4　マイクロミラーディスプレイ

される。それぞれのミラーの大きさは約 20 μm 角である。ミラーの角度は±10°傾けることができる。ミラーで反射された光の方向は，個々のミラーの傾きを変えられるので，特定の角度に反射された光を集めて投影することで画像を作り出すことができる。画像の濃淡は，ミラーが特定の方向に光を反射している時間で制御する。

すなわち，長い時間光を反射していれば，明るい画素に見え，短い時間しか反射しなければ暗い画素として表示される。このようにミラーのオン・オフ制御により画像の濃淡を作り出すので，ディジタルマイクロミラーと呼ばれている。色の表示は時分割で光の三原色をミラーに投射して表示する。ミラーの反射率は高いので，液晶プロジェクタよりも明るく，コントラスト階調の高い画像が作り出せる。

ミラーの傾きを発生させるのため，ミラーと電極の間に電圧を印加して，静電引力を発生させている。静電引力によりミラーが電極に引き付けられる。一つのミラーの可動構造を模式的に図 10.4(b)に示した。ミラーは柱に固定され，ねじればねに接続されている。ねじればねは支持部に固定されている。ミラーの対角線の位置に電極が設置されており，それぞれの電極に電圧を印加することで，ミラーを左右に 10°傾けることができる。

ミラーはシリコンのメモリ集積回路基板の上部に製作されている。メモリにデータを蓄積すると，電荷が蓄えられる。蓄えられた電荷により電圧が生じるので，静電引力を発生する。すなわち，メモリデータの読み書きにより，ミラーの傾きをディジタル的に変えることができる。

このように多数のミラーを集積回路により制御することで，画像を作りだしている。このような可動の構造を製作するためにはホトリソグラフィー加工が用いられる。薄膜を堆積し，一部の薄膜をエッチングにより取り除いて可動構造を実現する。取り除かれる薄膜層は犠牲層と呼ばれる。犠牲層エッチングを用いた可動構造の製作方法を後に説明する。

10.2　シリコンのマイクロマシニングとミラーデバイス

シリコンは半導体集積回路を製作するために用いられるので，シリコンに対しては多くの微細加工技術が発展している。そこで，微小な機械構造や光学構造を実現するためにシリコンの半導体微細加工法が用いられる。シリコンは電気的特性に優れているだけでなく，機械的な特性もよい。

集積回路製造プロセスを応用するマイクロマシニングにおいては，シリコンおよび酸化シリコン（SiO_2）膜，窒化シリコン（Si_3N_4）膜などを構造材料として用いる場合が多い。シリコン結晶面の平坦性を用いてマイクロミラーが製作される。ポリシリコンは，歯車，バルブ，静電モータのロータなどの構造材として利用される。シリコン基板に堆積させた窒化シリコン膜は振動式センサの振動子などに用いられ，また硬く丈夫であるので原子間力顕微鏡のマイクロプローブのカンチレバーに利用されている。

単結晶シリコンのヤング率は 190 GPa で鋼鉄（201～216 GPa）に近く，ポリシリコンでは 160 GPa である。破壊強度は単結晶シリコンマイクロビームを用いた測定では 1.5～7.2 GPa であり，鋼鉄（0.7～1.1 GPa）よりかなり大きい。また窒化シリコンは単結晶で 385 GPa，LPCVD 窒化シリコン膜で 290 GPa とシリコンより硬い。

図 10.5 はシリコンのエッチング形状の断面を示した図である。エッチング形状から等方性エッチングと異方性エッチングに分類される。

図（a）は等方性エッチングの断面で，マスクの窓の部分からどの方向にもほぼ同じ速度でエッチングが進展する。このため，断面形状はマスク開口を中心

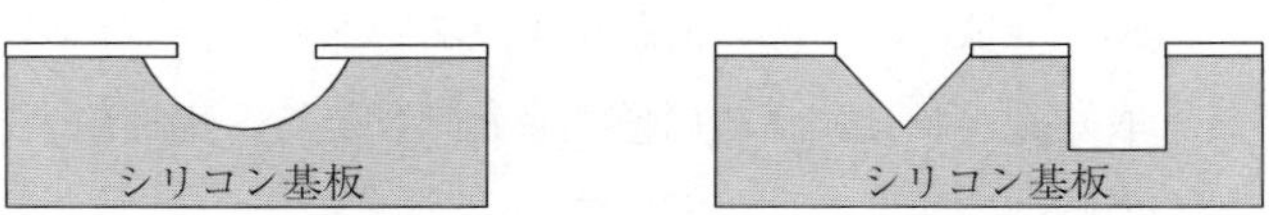

（a）　等方性エッチング　　（b）　異方性エッチング

図 10.5　シリコンのエッチング形状の断面

として丸い形状となる。溶液のエッチングをウエットエッチングと呼ぶが，エッチング溶液として一般に用いられるのは硝酸（HNO_3）とフッ化水素酸（HF）の混合溶液が用いられる。

希釈液として水でもよいが，硝酸の分解を防ぎ酸化力を保つために酢酸（CH_3COOH）が用いられる。エッチング溶液はNHAと呼ばれて，広く用いられている。反応全体の化学反応はつぎの反応式で表され，シリコン表面が硝酸により酸化されて酸化シリコンとなり，フッ化水素酸により酸化シリコンが溶解される。

$$Si + HNO_3 + 6\,HF \rightarrow H_2SiF_6\ (\text{水溶性}) + HON_2 + H_2O + H_2\ (\text{泡}) \tag{10.1}$$

また，溶液を用いない気体やプラズマのエッチングにおいても等方性エッチングが行える。

一方，異方性エッチングにおいては，シリコン結晶面のエッチング速度の違いを利用するウエットエッチングと，プラズマで発生するイオンを用いた反応性エッチングが利用される。異方性エッチングを用いれば，図10.5(b)に示したようにV型や四角い断面形状の深い溝を製作することができる。

溶液を用いるウエットエッチングでは結晶面のエッチング速度の違いを利用して，結晶面で構成された立体形状を製作できる。**図10.6**にシリコンウェーハ（Si(100)）を用いて形成される立体構造について概略を示した。

シリコンの結晶異方性エッチングでは，Si(111) 面のエッチング速度が他の

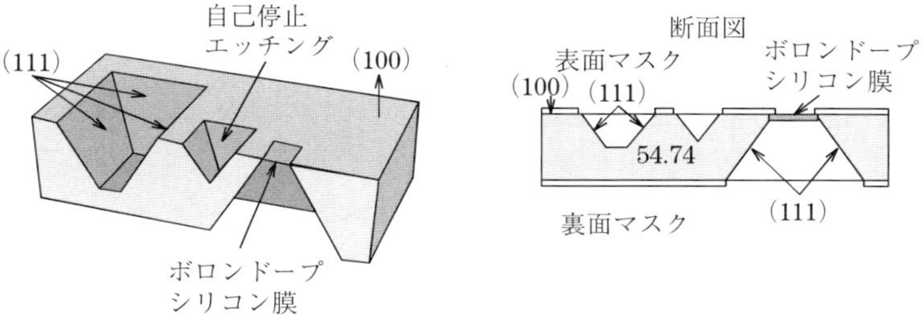

図10.6 Si(100)面に形成した立体構造

面よりかなり遅いので，表面にマスクで窓を形成してエッチング液に浸しておくと，エッチングが進展することで，(111) 面で囲まれた V 型の溝が形成される。すべての (111) 面が現れると，エッチングがほとんど停止する。図 10.6 の形状はこのエッチングにより作られる。Si(100) ウェーハにおいては，(111) 面は (100) 面に対して 54.7° の角度を成しているので V 型の溝が形成される。高濃度に不純物をドープした p 形半導体ではエッチングの速度が低下するので，表面よりボロンをドープしておくと，エッチングが停止する。この方法で図 10.6 に示したように薄い膜構造（ダイヤフラム）を製作でき，圧力センサの隔壁や薄いミラー面を形成できる。

図 10.7 に結晶異方性エッチングを用いて薄膜カンチレバーを製作する工程を示す。エッチングに選択性のある薄膜（図 10.7 ではシリコン窒化膜）をシリコン表面に堆積し，図のようにマスクによりシリコン窒化膜に窓を開ける。エッチング液に浸すことで，まず V 溝が形成される。さらにエッチングを進めるとカンチレバー先端の凸の角部分には (111) 面以外の面が現れるのでエッチングが進み，最終的には薄膜カンチレバーの下はシリコンが取り除かれ，カンチレバーは自立する。

図 10.8 は結晶異方性エッチングにより製作したシリコンの V 溝にボールレ

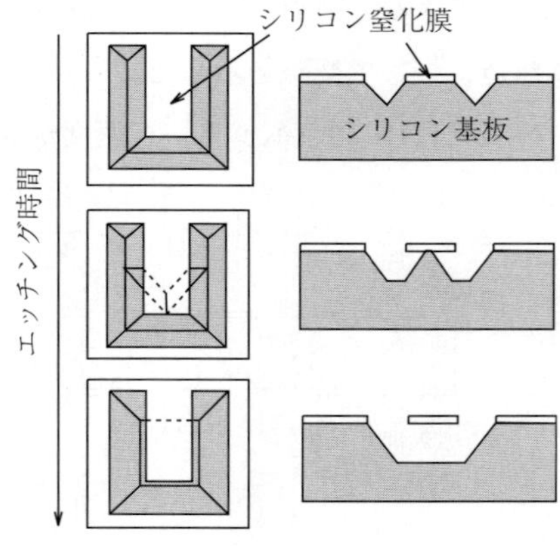

図 10.7　薄膜カンチレバーの製作工程

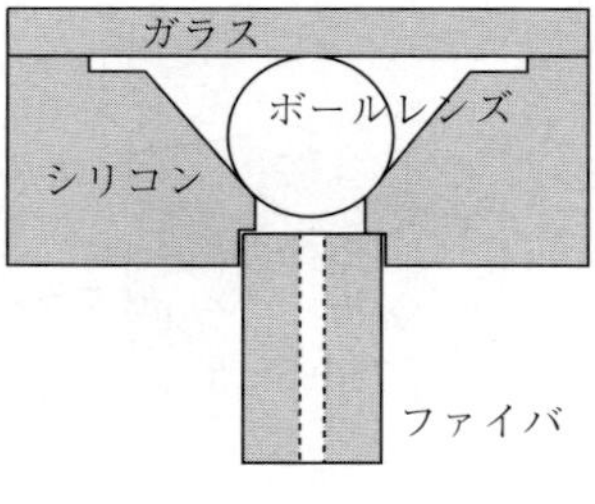

図 10.8　ファイバ用ボールレンズの固定

ンズを挿入し，ファイバの固定溝を別のエッチングにより形成することで光ファイバへの光の出入射を容易に行えるようする，光学部品の例である。ガラスとシリコンは高温で電圧を印加して接合すること（陽極接合）ができるので，パッケージなどによく用いられる。

結晶異方性エッチングに用いられるエッチング溶液は水酸化カリウム(KOH)，TMAH，EDP である。KOH は OH^- イオンを発生するので，シリコンと反応して水溶性の化合物となり，エッチングが進展すると考えられている。エッチングの結晶異方性の物理化学的説明は複雑で，まだ十分明らかになっていない。**TMAH** は**テトラメチルアンモニウムハイドロオキサイド**（tetra methyl ammonium hydroxide）で，式（10.2）の分子式で表されるが，ポジレジストの現像液として一般によく用いられている。

このため，KOH のカリウムイオンのように半導体集積回路に悪影響を与えないので，半導体集積回路との装置互換性の点で優れている。**EDP** は**エチレンジアミンピロカテコール**（ethylenediaminepyrocatechol）であり，TMAH と同様に半導体集積回路と製造装置互換性がある。

また，異方性エッチングではシリコン酸化膜をマスクにするが，シリコン酸化膜に対する選択性が高く，薄い酸化膜でも，深いシリコン構造を製作できる。またボロンドープしたシリコンのエッチング速度が遅いので，ドープした薄いシリコン薄膜を製作するのに適している。

$$\left(\begin{array}{c} CH_3 \\ | \\ CH_3\text{—}N\text{—}CH_3 \\ | \\ CH_3 \end{array}\right)^+ OH^- \qquad (10.2)$$

溶液を用いるウエットエッチングでは，製作できる形状が限られることや等方性エッチングにおいては，あまり微細な構造が製作できないことなどから，プラズマなどを用いるドライエッチングが開発され，近年技術が進展した。**図 10.9** は反応性イオンエッチングを模式的に示した。

反応性のイオンとしてはハロゲンイオンが用いられる。プラズマによりイオ

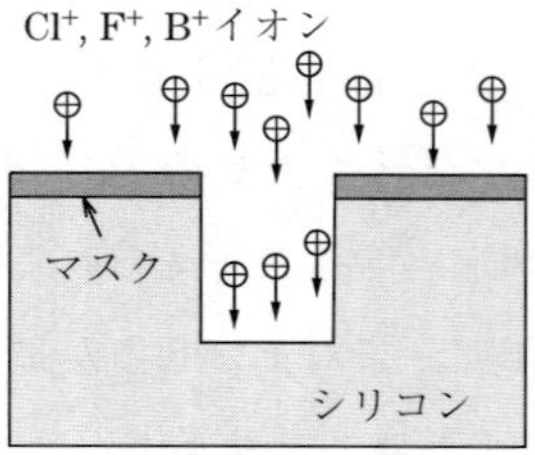

図 10.9　反応性イオンエッチングの模式図

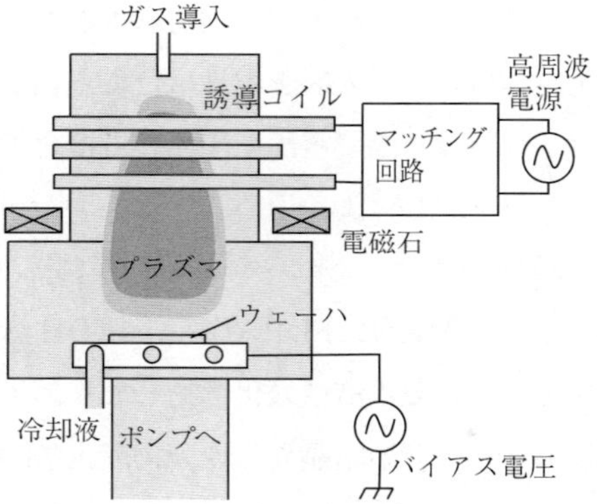

図 10.10　誘導結合高密度プラズマによるエッチング装置

ンを発生させる方法は，密度も高くエッチング速度も大きい。ハロゲンガスを含んだプラズマ中でハロゲンイオンが発生させる。プラズマと基板（あるいは真空容器外壁）との間にプラズマポテンシャルに相当する直流電圧が発生する。

また別の電源（交流）で基板にバイアス交流電圧を加える場合もある。プラズマ電位は正になるので，正イオンは基板に引き寄せられ，垂直方向から入射する。このため，イオンの入射方向にエッチングが進展する。これにより，深いエッチングが可能となる。

プラズマ発生装置には**図 10.10** に示すような誘導結合の高周波プラズマ装置が用いられる。誘導コイルによりプラズマを発生させ，電磁石により電子の軌道を長くして低圧力で高密度のプラズマを発生する。基板は冷却されバイアス電圧を印加する。イオンが入射することでエッチングが行われるが，表面に電荷が蓄積されるので，電位が上昇し，入射イオンの軌道が曲げられ，エッチング形状が乱れる。これを改善するため，交流で正電位を発生させ，電子や負イオンを入射させて中和する方法も用いられる。

プラズマにより生じるエッチングは，一般にイオンだけに限らない。活性中性粒子も反応性エッチングを生じる。**表 10.1** にプラズマで生じるエッチング

表 10.1 エッチング機構と表面反応

	熱化学反応	物理/化学スパッタリング		イオンアシスト反応	ポリマー堆積
エッチング機構	活性中性粒子	高速イオン	高速活性イオン	高速イオン	不活性中性粒子
吸着	(図)	—	—	(図)	(図)
反応	(図)	—	(図)	(図)	—
除去	(図)	(図)	(図)	(図)	—

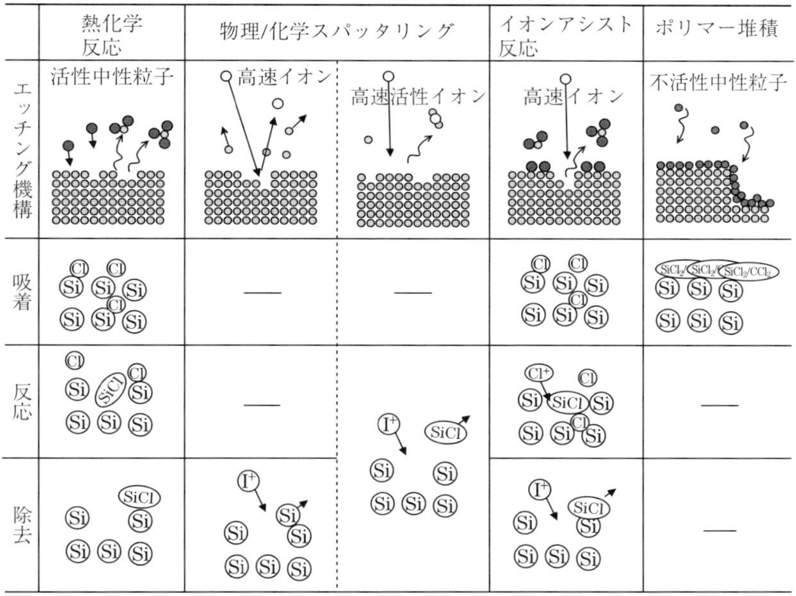

機構（堆積も含む）と表面反応を示した。

エッチングガス（Si エッチングの場合，例えば Cl_2，CCl_4，SF_6）が分解すると中性の活性種が発生する。プラズマで発生した中性粒子はシリコンと反応して蒸気圧の高いシリコン化合物（$SiCl_4$，SiF_4 など）になり気化してエッチングを進行させる。

またイオンがもっている物理的なエネルギーにより表面原子をたたき出すスパッタリングや，高速の活性イオンが表面原子と反応する場合も生じる。また，表面に吸着した反応原子と表面原子の反応をイオンが促進するイオンアシスト反応もある。また，塩素，フッ素系のガスはエッチング粒子を発生させるだけでなく，CF 系や CCl 系のガスでは重合によりポリマーを発生する。このためエッチングと同時にポリマー膜が表面に堆積する。

フッ素や塩素系のガスを用いたプラズマにより，エッチングおよびポリマー膜堆積が生じることを利用して，シリコンに対する深い溝の加工が行われてい

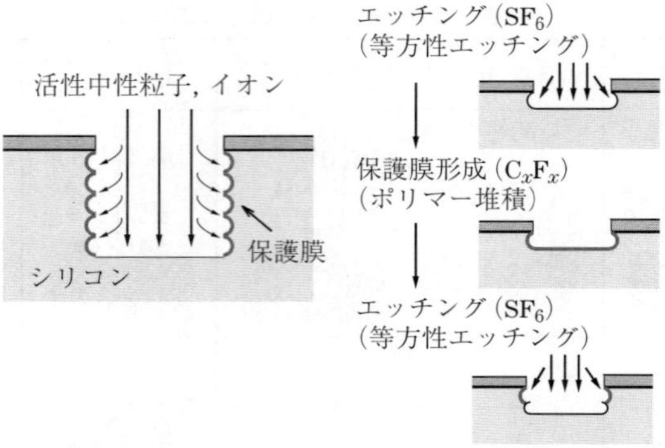

図 10.11　ポリマーの膜堆積を利用した深堀エッチング工程

る。**図 10.11** にエッチングの工程を示した。

まず SF_6ガスでプラズマを発生させ，イオンと活性中性粒子によりシリコンのエッチングを進行させる。中性粒子のため，等方的なエッチングが生じる。

つぎに CF 系のガスに入れ替えて，プラズマを発生させる。このときはポリマー膜が試料表面に堆積する条件を用いる。ポリマーは凹凸のある表面を堆積して，エッチングされた溝の側面も覆う。つぎに再びガスを SF_6に替えてエッチングを開始する。まず，ポリマーがエッチングされるが，イオンの垂直方向への入射により底面のポリマーがすべてエッチングされ，側面はポリマーで保護された状態でエッチングが進行する。

底面のポリマーが取り除かれると，シリコンの等方性エッチングが進行し，図 10.11 に示すように 2 段目のエッチングが行われる。この後，ガスを替えてポリマーを再び堆積させ，交互に繰り返す。側壁にポリマーが堆積しているので，繰り返してエッチングを行っても，側面方向へのエッチングはほとんど進まず，深い穴を形成できる。この方法により，シリコンのウェーハを貫通できる穴加工ができる。マスクにはシリコン酸化膜やレジスト，クローム膜などを用いることができる。マスクの形状により自由な図形で深堀エッチングが行えるので，現在ではマイクロマシンの加工に必須の技術となっている。

図 10.12 に，このエッチング技術により加工したシリコンウェーハの写真を

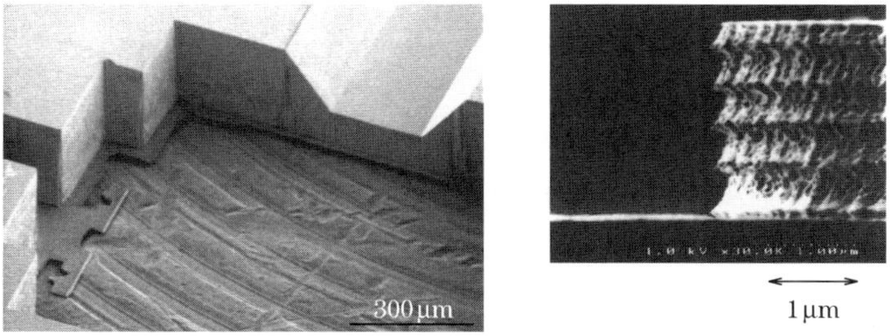

（a）　　　　　　　　（b）

図 10.12　深堀の反応性エッチング技術により加工したシリコンウェーハの写真

示す。図（a）は貫通エッチングにより基板の裏面までエッチングした試料である。図（b）はエッチング表面の拡大写真である。エッチングの繰返しにより，エッチングされた側面に周期的な凹凸が見られる。

深堀の反応イオンエッチング技術を用いることで，自由度の高い形状で加工ができるようになった。このような例として，マイクロミラーについて説明する。最近では，立体構造や可動構造の実現に，シリコンの SOI 基板（ウェーハ）が用いられる場合が多い。SOI は silicon on insulator の略であるが，シリコン結晶層の下に絶縁層がある構造となっている（**図 10.13**）。

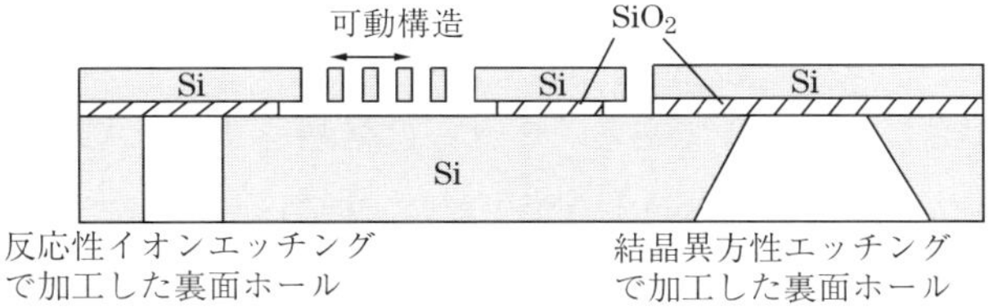

図 10.13　SOI ウェーハとその加工例

絶縁膜の下層にはシリコンの基板が用いられる場合が多いが，石英基板を用いることもできる。上層のシリコンは数百 nm から数百 μm まで多様な厚さが用いられる。集積回路の製作において電子回路の特性を改善するために，シリコン層の下に絶縁層を設けたものである。シリコン表面を酸化して表面にできた酸化膜（SiO_2）に別のシリコン基板を張り合わせる方法や，酸素イオンを加速しシリコン基板に注入し，イオンがシリコン内部に侵入し酸化膜を形成する方法などが用いられる。

シリコン酸化膜はフッ化水素水でエッチングできるので，上層のシリコンを反応性イオンエッチングなどで加工し，酸化膜を一部取り除くと，図 10.13 に示すように，可動構造や電気的に孤立した領域を容易に製作できる。

図 10.14 に SOI 基板を加工して製作した可動マイクロミラーの写真を示す。

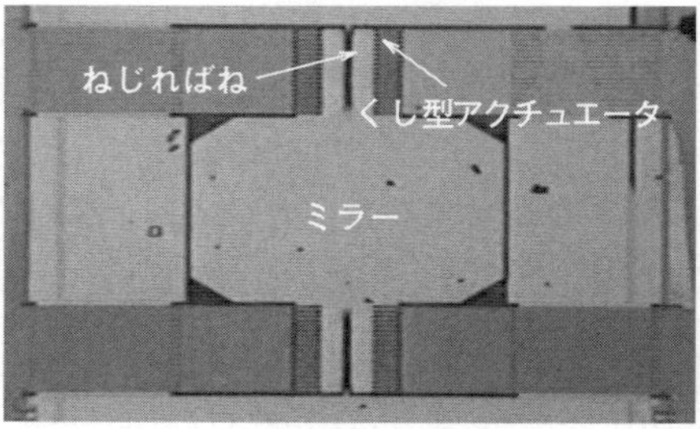

（a）　全　体　図

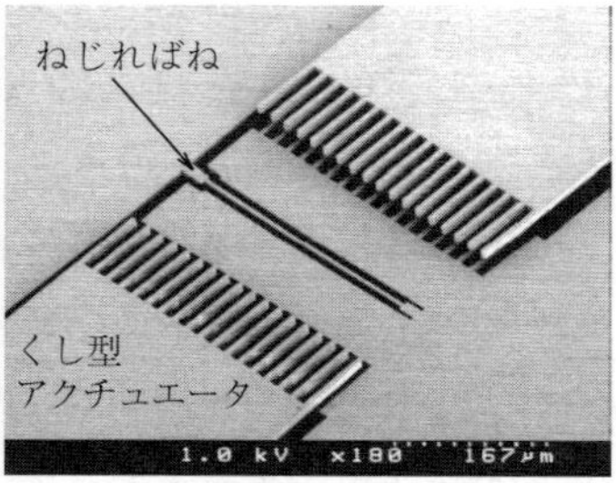

（b）　アクチュエータ部分

図 10.14　SOI 基板を加工して製作した可動マイクロミラー

図（a）の中央の長方形部分がミラーであるが，ミラーの大きさは 1 mm×0.7 mm である。ミラーはマイクロアクチュエータにより回転する。回転軸はミラーの側面と周囲の枠構造を接続しており，ミラーが回転するとねじれ変形する。

ミラーの厚さは約 10 μm である。ミラーは結晶シリコンで製作されているので平坦性がよく，反射光のひずみが少ない。結晶シリコンでなく，堆積した膜を自立させてミラーを製作した場合は，膜が薄く（～1 μm），内部の残留応力などで平坦な鏡面を得ることが一般には難しい。図（a）のミラーの下は，結晶異方性エッチングにより取り除かれている。

ミラーを回転する力は静電気力を用いている。図 10.14（a）には静電気力を利用した回転用アクチュエータを示す。くし型の電極を回転時にそれぞれの隙間に入り込むように配置する。電圧を印加すると，くし歯どうしが引き合い，ミラーは回転する。反対方向に回転するためには，もう一方の電極に電圧を印加する。

対向するくし型電極においては，図 10.14(b)に示すように，固定くしはミラーに取り付けられた回転くしより上の位置に設置する。このために，構造をエッチングにより製作後，固定くしをミラー面から引き上げるようにシリコン基板の一部を折り曲げる仕組みを導入している。ミラーの回転角度は 140 V で約 4° である。シリコンは単結晶であるので，ねじればねの繰返し変形に対しても劣化は少ない。

同様に SOI ウェーハを用いた光ファイバスイッチの構造を**図 10.15** に示す。

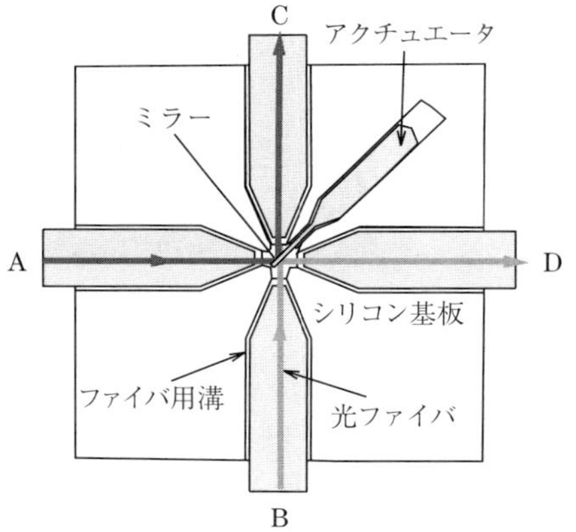

図 10.15 SOI ウェーハを用いた光ファイバスイッチの構造

4 本のファイバをミラーの近くに設置する。ミラーは平行移動により 4 本のファイバ光路の交点に挿入される構造である。ミラーが光路に挿入されていないとき，光は A-D と B-C の光路を進む。マイクロアクチュエータによりミラーが光路に挿入されると反射により，光路は A-C と B-D に切り替えられる。

マイクロアクチュエータとファイバ固定用の溝部分は SOI ウェーハの上層シリコンをエッチングして形成される。マイクロアクチュエータとそれに接続されるミラー部分は SiO_2層のエッチングにより基板から離れ，可動構造となる。アクチュエータにはいろいろな方式が用いられる。平行移動する静電駆動のくし型アクチュエータは SOI ウェーハに容易に形成できるので，よく用いられる。

10.3　表面マイクロマシニングと可変デバイス

表面マイクロマシニングにより立体的な機械構造を製作する方法は，電子回路の集積方法と製作工程が近いので，同じ装置を利用できる利点がある。シリコン表面に堆積した積層薄膜から立体構造を製作できる。**図 10.16** に回転機構の製作工程と製作結果の写真を示す。

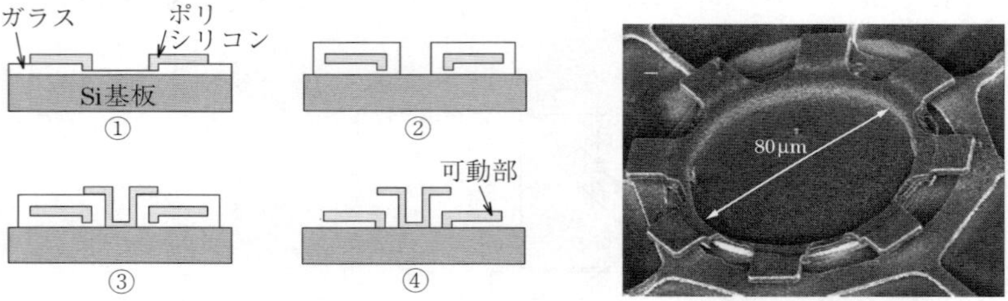

（a）　（b）

図 10.16　表面マイクロマシニングによる回転機構の製作工程と製作結果

ポリシリコンとガラスの組合せがよく用いられる。図(a)の工程図に示すように，ガラス（phosphosilicate glass）の薄膜を低圧化学気相堆積法により堆積する。必要なパターンに加工後，ポリシリコンを同じ方法により堆積し，パターン加工する（①)。さらに再びガラス薄膜を堆積し，パターン加工する（②)。第 2 層のポリシリコンを堆積し，同じくパターン加工する（③)。最後にフッ化水素水でガラス層を溶かすことで，立体構造や可動部を製作する。図(b)では，回転モータなどに用いられる軸受の構造を示している（④)。

1987 年にマイクロギヤ，1988 年に静電マイクロモータが製作されたことで，動く半導体微細加工により製作されるマイクロ機械構造が注目され，マイクロアクチュエータの研究が活性化された。可動構造のほかに，ブリッジや空洞構造など複雑な構造の一括製作に用いられる。

図 10.17 に，表面マイクロマシニングにより製作した回転カムを用いた光ファイバの機械式スイッチを示す。

図 10.17　表面マイクロマシニングで製作した回転機構を用いた光ファイバスイッチ

図 10.16(b)の写真は回転カムの軸受けの部分であるが，回転リングが抜け落ちないように爪付きの留め金構造となっている。図 10.17 は回転の中心をずらしたカム構造であるので，回転によりファイバを押し出して光を切断する。

回転円盤の直径は 550 μm で，ポリシリコンである。回転は，スクラッチドライブアクチュエータと呼ばれるモータにより，ステップ運動により駆動される。図 10.17 の回転円盤の内部に見える四つの四角い板状のものがモータである。このようにマイクロマシニングにより小さな駆動機構を実現できるので，可変機能が含まれた集積型光システムが実現できる。

演　習　問　題

【1】 シリコンの結晶異方性エッチングで深さ 50 μm の V 溝を形成するためには，マスクの幅はどれだけにすればよいか。

【2】 図 10.3 に示したブレーズド格子の加工工程で，8 レベルの三角波形状を実現するためにはどのようなマスクと工程が考えられるか。

【3】 図 10.8 のボールレンズの固定方法を実現するためには，どのような工程でシリコン基板をエッチングすればよいか。工程例を図示せよ。

【4】 **図 10.18** はねじれを利用したミラーのモデルである。ねじれの共振周波数は

$$f = \frac{h}{L_C}\sqrt{\frac{3BbG}{\rho W L_C L_T}}$$

である。ここで h はミラーとねじればね（ヒンジ）部の厚さ，W はミラーの幅，L_C はミラーの長さ，L_T はヒンジの長さ，b はヒンジの幅，G は横弾性

図 10.18

係数，ρ は密度，B はヒンジの厚さと幅により決まる定数で，比が 1 のとき $B = 0.14$ である。ミラーの大きさを 10 mm で設計したときと 100 μm で設計したときでは共振周波数は何倍異なるか。ミラーの全体の形は相似形とする。

引用・参考文献

第 1 章

電磁波について

1) 副島光積，堀内和夫：電磁気学，電子通信大学講座 1，コロナ社（1964）
2) 鶴田匡夫：応用光学 I，培風館（1990）

ガウシアンビームについて

3) A. Yariv 著，多田邦雄，神谷武志 共訳：光エレクトロニクス，丸善（1974）
4) A. Yariv：Optical Electronics, Holt Saunders (1985)
5) 龍岡静夫：レーザと画像，共立出版（1984）

第 2 章

1) 鶴田匡夫：応用光学 I，第 1 章，培風館（1990）
2) 副島光積，堀内和夫：電磁気学，電子通信大学講座 1，コロナ社（1964）
3) 李正中：光学薄膜と成膜技術，アグネ技術センター（2002）

第 3 章

レンズの光線光学について

1) M. Young：Optics and Lasers, Chap. 2, Springer-Verlag, New York (1993)

光線伝搬のマトリックス表示について

2) A. Yariv：Optical Electronics, Chap. 2, CBS College Publishing, New York (1985)

光線の微分方程式について

3) 鶴田匡夫：応用光学 I，第 2 章，培風館（1990）

第 4 章

1) 鶴田匡夫：応用光学 I，第 3 章，培風館（1990）
2) 飯塚啓吾：光工学，第 5 章，共立出版（1983）

第 5 章

スペックルの統計

1) J. C. Dainty：Laser Speckle and Related Phenomena, Springer, Berlin (1975)

コヒーレンス
2)　W. Lauterborn：Coherent Optics, Chap. 4, Springer, Berlin (1995)
光ジャイロ
3)　森　元：光ジャイロとGPS，光学32，p.662（2003）

第6章

1)　M. Young：Optics and Lasers, chap. 10, Optical Waveguide, Springer-Verlag (1993)
2)　池田正宏：光ファイバ通信，コロナ社（1997）

第7章

1)　飯塚啓吾：光工学，共立出版（1997）
2)　谷田貝豊彦：光とフーリエ変換，朝倉書店（1992）
3)　J. W. Goodman：Introduction to Fourier Optics, McGraw-Hill, New York (1968)

第8章

1)　後藤俊夫，森　正和：量子エレクトロニクス，昭晃堂（1998）

第9章

1)　フォトダイオードカタログ，浜松ホトニクス http://jp.hamamatsu.com

第10章

1)　M. J. Madou：Fundamentals of Microfabrication, CRC Press, New York (2001)
2)　澤田廉士，羽根一博，日暮栄治：光マイクロマシン，オーム社（2002）
3)　M. Elwenspoek, H. Jansen：Silicon Micromachining, Cambridge University Press (1998)
4)　H. P. Herzig：Micro-Optics, Taylor & Francis, London (1997)
5)　M. Ishimori, J. H. Song, M. Sasaki, K. Hane：Si wafer bending technique for a three dimensional micro-optical bench, Jpn. J. Appl. Phys. 42, pp. 4063-4066 (2003)
6)　Y. Kanamori, Y. Aoki, M. Sasaki, H. Hosoya, A. Wada and K. Hane, Fiber-optical switch using cam-micromotor driven by scratch drive actuators, J. Micromech. Microeng. 15 p118-123 (2005)

□□□□□□□□□□□　演習問題の解答　□□□□□□□□□□□

第1章

【1】 式（1.1）より $\lambda\nu = c$

両辺を微分して

$$\nu\varDelta\lambda + \lambda\varDelta\nu = 0$$

$$\varDelta\lambda = -\frac{\lambda}{\nu}\varDelta\nu = -\frac{c}{\nu^2}\varDelta\nu$$

【2】 $\dfrac{\partial^2 E_x}{\partial t^2} = \dfrac{1}{\varepsilon_0\mu_0}\dfrac{\partial^2 E_x}{\partial z^2}$

左辺$= -\omega^2\sin(\omega t \pm kz)$　右辺$= -\dfrac{1}{\varepsilon_0\mu_0}k^2\sin(\omega t \pm kz)$　$\therefore\ \omega^2 = \dfrac{k^2}{\varepsilon_0\mu_0}$

【4】 レンズの口径 D_L が大きく，焦点距離の短いレンズを用いる。

【5】 光波で式（1.21）より

$$H = \frac{1}{\mu_0 c}E \qquad \frac{1}{2}\varepsilon_0 E^2 = \frac{1}{2}\varepsilon_0(\mu_0 c)^2 H^2 = \frac{1}{2}\mu_0 H^2$$

第2章

【1】 $\dfrac{\lambda}{2\sin\theta}$

【3】 式（2.40）を式（2.39）に代入して

$$\varDelta z = \frac{\lambda}{2\pi\sqrt{(n_1\sin\theta_1)^2 - 1}}$$

$\theta_1 = \theta_c$ で $\sin\theta_c = n_2/n_1$，また $n_2 = 1$ より $\varDelta z = \infty$

$\theta_1 = \pi/2$ で

$$\varDelta z = \frac{\lambda}{2\pi\sqrt{{n_1}^2 - 1}}$$

以上二つの値の範囲をとる。

【4】 $d\sin\theta_1\cos\theta_1\left(\dfrac{1}{\sqrt{1-\sin^2\theta_1}} - \dfrac{1}{\sqrt{{n_2}^2 - \sin^2\theta_1}}\right)$

【5】 スネルの法則より，次式を代入して整理する。

$$n_1\sin\theta_1 = n_2\sin\theta_2$$

【6】 スネルの法則より

$$1\sin\theta = 1.5\sin\theta_2 = 1.5\sin\left(\frac{\pi}{2}-\theta_c\right) = 1.5\cos\theta_c$$

$$\sin\theta_c = \frac{1.2}{1.5} \text{ より } \sin^2\theta = 1.5^2\left(1-\frac{1.2^2}{1.5^2}\right) = 0.81$$

第3章

【1】 $$\frac{n_0}{d'}+\frac{n'}{d_p}=\frac{n_0-n'}{R_1},\quad \frac{n}{d_1'}-\frac{n_0}{d'}=\frac{n-n_0}{R_2} \text{ より}$$

$$\frac{n}{d_1'}+\frac{n'}{d_p}=\frac{n_0-n'}{R_1}-\frac{n_0-n}{R_2}$$

【2】 $\dfrac{1}{d_1}+\dfrac{1}{d_p}=\dfrac{1}{f}$　　$\dfrac{1}{f}=(n-1)\dfrac{1}{R}$

【3】 $$\begin{pmatrix}1 & 0\\ -\frac{1}{f} & 1\end{pmatrix}\begin{pmatrix}1 & d_1\\ 0 & 1\end{pmatrix}=\begin{pmatrix}1 & d_1\\ -\frac{1}{f} & 1-\frac{d_1}{f}\end{pmatrix}$$

$$\begin{pmatrix}1 & d_2\\ 0 & 1\end{pmatrix}\begin{pmatrix}1 & d_1\\ -\frac{1}{f} & 1-\frac{d_1}{f}\end{pmatrix}=\begin{pmatrix}1-\frac{d_2}{f} & d_1+d_2\left(1-\frac{d_1}{f}\right)\\ -\frac{1}{f} & 1-\frac{d_1}{f}\end{pmatrix}$$

$$d_1=d_2=2f \text{ では} \begin{pmatrix}-1 & 0\\ -\frac{1}{f} & -1\end{pmatrix} \text{より } r_o=-r_i,\ r_o'+r_i'=-\frac{r_i}{f}$$

光線の角度によらず，光線の射出位置が同じであるので結像点となる。倍率は-1。

第4章

【1】 図4.6において x 軸，y 軸に関して同じ分布にしたもの。

【3】 $$u(\theta)=C_s\frac{\sin(k\varepsilon x/f)}{k\varepsilon x/f}\qquad x/f=\theta \text{ とおいて}$$

$$u(\theta)=C_s\frac{\sin k\varepsilon\theta}{k\varepsilon\theta}\qquad \text{したがって，} k\varepsilon\theta=\pi \text{ より}$$

$$\theta=\frac{\lambda}{2\varepsilon}$$

【4】 格子周期の小さいもの。1次回折光の強度が強いもの。

第5章

【1】 $$I=|u_1+u_2|^2=(a_1{}^2+a_2{}^2)\left\{1+\frac{2a_1a_2}{a_1{}^2+a_2{}^2}\cos\left[\frac{2\pi}{\lambda}(L_1-L_2)+\delta_1-\delta_2\right]\right\}$$

により干渉強度が与えられるので，波長が変わると位相が波長に反比例して変化する。波長の直線的な増加の場合，干渉強度の周期がだんだん広くなる。

【2】 $I = (a_1{}^2 + a_2{}^2)\left\{1 + \dfrac{2a_1a_2}{a_1{}^2 + a_2{}^2}\cos\left[k(L_1 - 2vt) + \delta_1 - \delta_2\right]\right\}$ で干渉強度が与えられる。位相が $kvt = 2\pi\left(\dfrac{v}{\lambda}\right)t$ で与えられるので周波数は $\dfrac{v}{\lambda}$ である。

【3】 $\lambda = \dfrac{c}{f}$ より $\Delta\lambda = -\dfrac{c}{f^2}\Delta f = -\dfrac{\lambda^2}{c}\Delta f$ より $\Delta f = 100$ MHz より 8.3×10^{-5} nm

【4】 x 軸に垂直な縞が現れる。傾きは縞の周期を p とすると正接が $\lambda/(2p)$。

【5】 反射による空間の干渉縞は，面に垂直方向にできるが，光の入射角度が θ のとき，干渉縞の周期は $p = \dfrac{\lambda}{2\cos\theta}$ で与えられる。球面波が反射する場合は，中心部分で球面波が垂直に入射し，周辺では斜めに入射するので，平面鏡の上の空間に平行平面に近い干渉縞が得られるが，球面の中心を通る法線より遠ざかるにつれて，干渉縞の間隔が上式 p に従い広がる。

【6】 スペックルの平均径は λ/α であるので，$\alpha = D/L$ より 0.5 mm。

【7】 詳細省略。ヒント：図 5.2 において $L_1 - L_2$ が振動振幅と考えて正弦波的，すなわち $(L_1 - L_2)\sin(ft + \phi)$ のように変化するときの出力信号を考える。

第6章

【1】 光の入射の場合と同様に，コアとクラッドの臨界角で反射したものが最も大きな角度で出射するので，出射を θ とすると $\sin\theta = \dfrac{n_2}{n_1}\cos\theta_c$ の関係を満たす角度。θ_c は臨界角。

【2】 **解図 6.1** 参照。

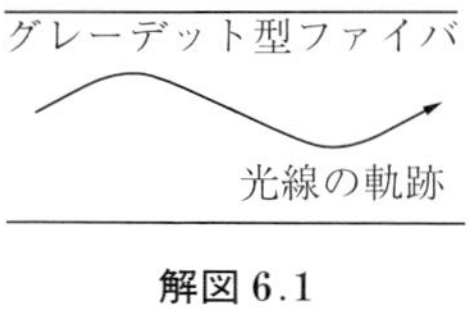

解図 6.1

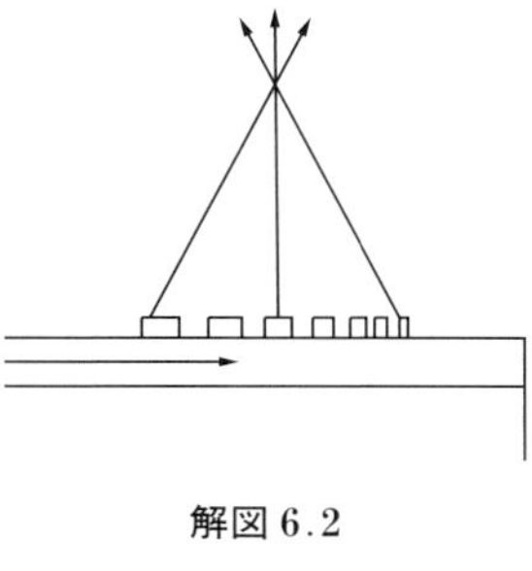

解図 6.2

【3】 グレーティングカプラの格子周期をしだいに小さくして，それぞれの場所からの回折光が集光するように設計する。**解図 6.2** 参照。

第7章

【1】 $$I(x) = \frac{A}{2} + \frac{2A}{\pi}\left[\cos\left(2\pi\frac{X}{a}\right) - \frac{1}{3}\cos\left(6\pi\frac{X}{a}\right) + \frac{1}{5}\cos\left(10\pi\frac{X}{a}\right) - \frac{1}{7}\cos\left(14\pi\frac{X}{a}\right)\cdots\right]$$

【2】 **解図7.1**参照。

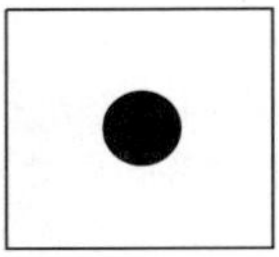

解図7.1

【3】 **解図7.2**参照。

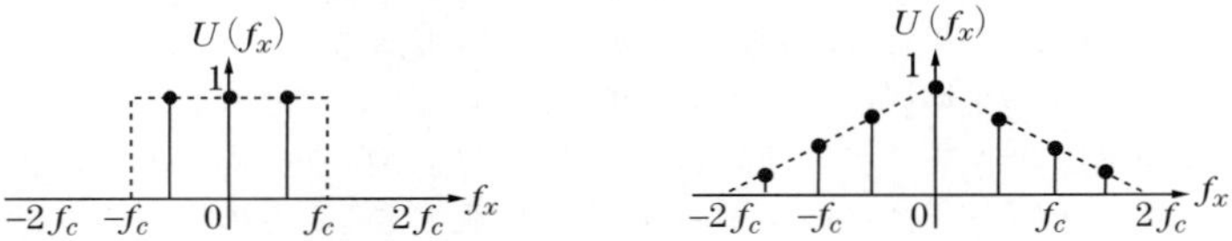

（a） コヒーレント結像系の場合　（b） インコヒーレント結像系の場合

解図7.2

【4】 インコヒーレント照明のとき，遮断周波数 $2NA/\lambda$ は $0.5\,\mu\mathrm{m}^{-1}$ となるので，周期が $2\,\mu\mathrm{m}$ の格子が伝達できる最も周期の細かな格子となる。

第8章

【1】 $\Delta t \cdot \Delta E \sim h$ より，$\Delta E \sim 6.6 \times 10^{-26}\,\mathrm{J} = 4.1 \times 10^{-7}\,\mathrm{eV}$

【2】 $L = 0.1$ より $G = -\ln 0.95 = 0.051\,3$

【3】 $(N_U - N_L)\dfrac{A_U\lambda^2}{8\pi\Delta\nu} = G$ より $(N_U - N_L) = 5.15 \times 10^8\,\mathrm{cm}^{-3}$

【4】 活性層が薄膜であるので，活性層での発光は横長の形状となる。狭いスリットの回折角は広いので縦方向に広がる。横方向は縦に比べて長いので回折広がりは狭い。

【5】 $\dfrac{\Delta\nu}{c} = \dfrac{1}{2h}$ より $\Delta\nu = 150\,\mathrm{GHz}$，$\Delta\left(\dfrac{1}{\lambda}\right) = -\dfrac{\Delta\lambda}{\lambda^2} = \dfrac{1}{2h}$ より $\Delta\lambda = 0.18\,\mathrm{nm}$

第9章

【1】 式（9.1）より 355 nm 程度より短い波長をもった光が検出できる。

【2】 $10\,\mathrm{M\Omega} \times 0.1\,\mu\mathrm{A} = 1\,\mathrm{V}$

【3】 $\dfrac{\varDelta h}{\varDelta \beta} = L \sec^2 X$

第10章

【1】 マスクの幅を X とすると，$(X/2)\tan 54.74° = 100\,\mu\mathrm{m}$ より $X = 141.4\,\mu\mathrm{m}$

【2】 **解図10.1**参照。

【3】 **解図10.2**参照。

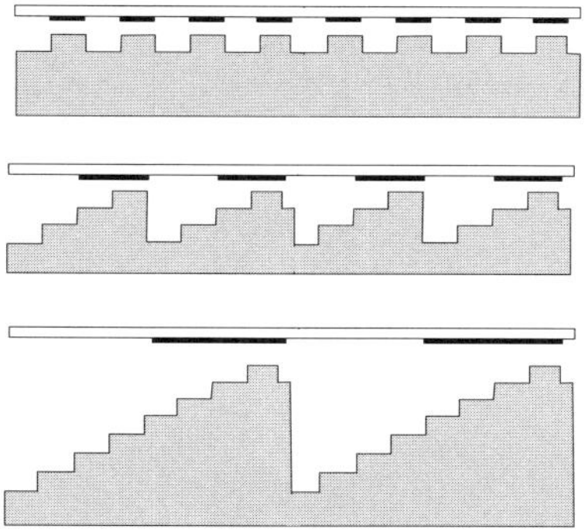

解図10.1

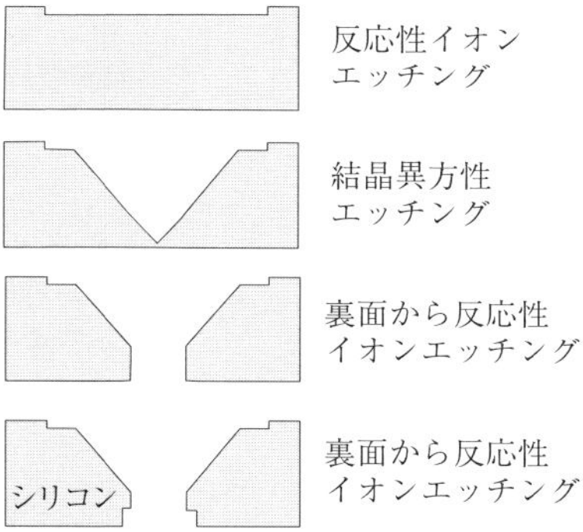

解図10.2

【4】 共振周波数 $f \propto L^{-1}$ より2桁高くなる。

索　　引

―― 著 者 略 歴 ――

1978年　名古屋大学工学部電子工学科卒業
1980年　名古屋大学大学院修士課程修了（電気・電子工学専攻）
1983年　名古屋大学大学院博士課程修了（電気・電子工学専攻）
　　　　工学博士
1983年　名古屋大学助手
1985年　カナダ国立研究所物理部門研究員
～86年
1990年　名古屋大学助教授
1994年　東北大学教授
　　　　現在に至る

光　工　学

Optical Engineering for Mechatronics

© Kazuhiro Hane 2006

2006年1月6日　初版第1刷発行
2021年3月30日　初版第4刷発行

検印省略

著　者　羽　根　一　博（はね　かずひろ）
発 行 者　株式会社　コ ロ ナ 社
　　　　代 表 者　牛 来 真 也
印 刷 所　壮 光 舎 印 刷 株 式 会 社
製 本 所　牧 製 本 印 刷 株 式 会 社

112-0011　東京都文京区千石4-46-10
発 行 所　株式会社　コ ロ ナ 社
CORONA PUBLISHING CO., LTD.
Tokyo Japan
振替00140-8-14844・電話(03)3941-3131(代)
ホームページhttps://www.coronasha.co.jp

ISBN 978-4-339-04402-7　C3355　Printed in Japan　（高橋）

JCOPY　<出版者著作権管理機構 委託出版物>

本書の無断複製は著作権法上での例外を除き禁じられています。複製される場合は，そのつど事前に，出版者著作権管理機構（電話 03-5244-5088，FAX 03-5244-5089，e-mail: info@jcopy.or.jp）の許諾を得てください。

本書のコピー，スキャン，デジタル化等の無断複製・転載は著作権法上での例外を除き禁じられています。購入者以外の第三者による本書の電子データ化及び電子書籍化は，いかなる場合も認めていません。

落丁・乱丁はお取替えいたします。

電気・電子系教科書シリーズ

（各巻A5判）

■編集委員長　高橋　寛
■幹　　　事　湯田幸八
■編 集 委 員　江間　敏・竹下鉄夫・多田泰芳
　　　　　　　中澤達夫・西山明彦

配本順		書名	著者	頁	本体
1.	(16回)	電気基礎	柴田尚志・皆藤新一 共著	252	3000円
2.	(14回)	電磁気学	多田泰芳・柴田尚志 共著	304	3600円
3.	(21回)	電気回路Ⅰ	柴田尚志 著	248	3000円
4.	(3回)	電気回路Ⅱ	遠藤　勲・鈴木　靖 共著	208	2600円
5.	(29回)	電気・電子計測工学(改訂版) —新SI対応—	吉澤昌純 編著／降矢典雄・福田恵子・吉村拓巳・高﨑和之・西山明彦 共著	222	2800円
6.	(8回)	制御工学	下西二郎・奥平鎮正 共著	216	2600円
7.	(18回)	ディジタル制御	青木　立・西堀俊幸 共著	202	2500円
8.	(25回)	ロボット工学	白水俊次 著	240	3000円
9.	(1回)	電子工学基礎	中澤達夫・藤原勝幸 共著	174	2200円
10.	(6回)	半導体工学	渡辺英夫 著	160	2000円
11.	(15回)	電気・電子材料	中澤・藤原・押田・服部・森山 共著	208	2500円
12.	(13回)	電子回路	須田健二・土田英一 共著	238	2800円
13.	(2回)	ディジタル回路	伊原充博・若海弘夫・吉澤昌純 共著	240	2800円
14.	(11回)	情報リテラシー入門	室賀進也・山下　巌 共著	176	2200円
15.	(19回)	C++プログラミング入門	湯田幸八 著	256	2800円
16.	(22回)	マイクロコンピュータ制御プログラミング入門	柚賀正光・千代谷　慶 共著	244	3000円
17.	(17回)	計算機システム(改訂版)	春日　健・舘泉雄治 共著	240	2800円
18.	(10回)	アルゴリズムとデータ構造	湯田幸八・伊原充博 共著	252	3000円
19.	(7回)	電気機器工学	前田　勉・新谷邦弘 共著	222	2700円
20.	(9回)	パワーエレクトロニクス	江間　敏・高橋　勲 共著	202	2500円
21.	(28回)	電力工学(改訂版)	江間　敏・甲斐隆章 共著	296	3000円
22.	(5回)	情報理論	三木成彦・吉川英機 共著	216	2600円
23.	(26回)	通信工学	竹下鉄夫・吉川英機 共著	198	2500円
24.	(24回)	電波工学	松田豊稔・宮田克正・南部幸久 共著	238	2800円
25.	(23回)	情報通信システム(改訂版)	岡田　正・桑原裕史 共著	206	2500円
26.	(20回)	高電圧工学	植月唯夫・松原孝史・箕田充志 共著	216	2800円

定価は本体価格+税です。
定価は変更されることがありますのでご了承下さい。

図書目録進呈◆

電子情報通信レクチャーシリーズ

（各巻B5判，欠番は品切または未発行です）

■電子情報通信学会編

配本順		共通		頁	本体
A-1	（第30回）	電子情報通信と産業	西村吉雄著	272	4700円
A-2	（第14回）	電子情報通信技術史 —おもに日本を中心としたマイルストーン—	「技術と歴史」研究会編	276	4700円
A-3	（第26回）	情報社会・セキュリティ・倫理	辻井重男著	172	3000円
A-5	（第6回）	情報リテラシーとプレゼンテーション	青木由直著	216	3400円
A-6	（第29回）	コンピュータの基礎	村岡洋一著	160	2800円
A-7	（第19回）	情報通信ネットワーク	水澤純一著	192	3000円
A-9	（第38回）	電子物性とデバイス	益一哉・天川修平共著	244	4200円

配本順		基礎		頁	本体
B-5	（第33回）	論理回路	安浦寛人著	140	2400円
B-6	（第9回）	オートマトン・言語と計算理論	岩間一雄著	186	3000円
B-7		コンピュータプログラミング	富樫敦著		
B-8	（第35回）	データ構造とアルゴリズム	岩沼宏治他著	208	3300円
B-9	（第36回）	ネットワーク工学	田村裕・中野敬介・仙石正和共著	156	2700円
B-10	（第1回）	電磁気学	後藤尚久著	186	2900円
B-11	（第20回）	基礎電子物性工学 —量子力学の基本と応用—	阿部正紀著	154	2700円
B-12	（第4回）	波動解析基礎	小柴正則著	162	2600円
B-13	（第2回）	電磁気計測	岩﨑俊著	182	2900円

配本順		基盤		頁	本体
C-1	（第13回）	情報・符号・暗号の理論	今井秀樹著	220	3500円
C-3	（第25回）	電子回路	関根慶太郎著	190	3300円
C-4	（第21回）	数理計画法	山下信雄・福島雅夫共著	192	3000円

配本順				頁	本体
C-6	（第17回）	インターネット工学	後藤滋樹 外山勝保 共著	162	2800円
C-7	（第3回）	画像・メディア工学	吹抜敬彦著	182	2900円
C-8	（第32回）	音声・言語処理	広瀬啓吉著	140	2400円
C-9	（第11回）	コンピュータアーキテクチャ	坂井修一著	158	2700円
C-13	（第31回）	集積回路設計	浅田邦博著	208	3600円
C-14	（第27回）	電子デバイス	和保孝夫著	198	3200円
C-15	（第8回）	光・電磁波工学	鹿子嶋憲一著	200	3300円
C-16	（第28回）	電子物性工学	奥村次徳著	160	2800円

展開

配本順				頁	本体
D-3	（第22回）	非線形理論	香田徹著	208	3600円
D-5	（第23回）	モバイルコミュニケーション	中川正雄 大槻知明 共著	176	3000円
D-8	（第12回）	現代暗号の基礎数理	黒澤馨 尾形わかは 共著	198	3100円
D-11	（第18回）	結像光学の基礎	本田捷夫著	174	3000円
D-14	（第5回）	並列分散処理	谷口秀夫著	148	2300円
D-15	（第37回）	電波システム工学	唐沢好男 藤井威生 共著	228	3900円
D-16	（第39回）	電磁環境工学	徳田正満著	206	3600円
D-17	（第16回）	VLSI工学 ―基礎・設計編―	岩田穆著	182	3100円
D-18	（第10回）	超高速エレクトロニクス	中村徹 三島友義 共著	158	2600円
D-23	（第24回）	バイオ情報学 ―パーソナルゲノム解析から生体シミュレーションまで―	小長谷明彦著	172	3000円
D-24	（第7回）	脳工学	武田常広著	240	3800円
D-25	（第34回）	福祉工学の基礎	伊福部達著	236	4100円
D-27	（第15回）	VLSI工学 ―製造プロセス編―	角南英夫著	204	3300円

定価は本体価格+税です。
定価は変更されることがありますのでご了承下さい。

図書目録進呈◆

光エレクトロニクス教科書シリーズ

（各巻A5判，欠番は品切です）

コロナ社創立70周年記念出版〔創立1927年〕

■企画世話人　西原　浩・神谷武志

配本順		著者	頁	本体
1.（8回）	新版 光エレクトロニクス入門	西原　浩・裏　升吾共著	222	2900円
2.（2回）	光波工学	栖原敏明著	254	3200円
3.	光デバイス工学	小山二三夫著		
4.（3回）	光通信工学（1）	羽鳥光俊・青山友紀監修　小林郁太郎編著	176	2200円
5.（4回）	光通信工学（2）	羽鳥光俊・青山友紀監修　小林郁太郎編著	180	2400円
6.（6回）	光情報工学	黒川隆志・滝沢國治編著　徳丸春樹・渡辺敏英共著	226	2900円

フォトニクスシリーズ

（各巻A5判，欠番は品切または未発行です）

■**編集委員**　伊藤良一・神谷武志・柊元　宏

配本順		著者	頁	本体
1.（7回）	先端材料光物性	青柳　克信他著	330	4700円
3.（6回）	太陽電池	濱川圭弘編著	324	4700円
13.（5回）	光導波路の基礎	岡本勝就著	376	5700円

定価は本体価格+税です。
定価は変更されることがありますのでご了承下さい。

図書目録進呈◆

ロボティクスシリーズ

（各巻A5判，欠番は品切です）

■編集委員長　有本　卓
■幹　　　事　川村貞夫
■編 集 委 員　石井　明・手嶋教之・渡部　透

配本順	書名	著者	頁	本体
1.（5回）	ロボティクス概論	有本　卓編著	176	2300円
2.（13回）	電気電子回路 —アナログ・ディジタル回路—	杉山　進・田中克彦・小西　聡共著	192	2400円
3.（17回）	メカトロニクス計測の基礎（改訂版） —新SI対応—	石井　明・木股雅章・金子　透共著	160	2200円
4.（6回）	信号処理論	牧川方昭著	142	1900円
5.（11回）	応用センサ工学	川村貞夫編著	150	2000円
6.（4回）	知能科学 —ロボットの“知”と“巧みさ”—	有本　卓著	200	2500円
7.	モデリングと制御	平井慎一・坪内孝司・秋下貞夫共著	近刊	
8.（14回）	ロボット機構学	永井　清・土橋宏規共著	140	1900円
9.	ロボット制御システム	玄　相昊編著		
10.（15回）	ロボットと解析力学	有本　卓・田原健二共著	204	2700円
11.（1回）	オートメーション工学	渡部　透著	184	2300円
12.（9回）	基礎　福祉工学	手嶋教之・米本　清・相川孝訓・相良二朗・糟谷佐紀共著	176	2300円
13.（3回）	制御用アクチュエータの基礎	川村貞夫・野方　誠・田所　諭・早川恭弘・松浦貞裕共著	144	1900円
15.（7回）	マシンビジョン	石井　明・斉藤文彦共著	160	2000円
16.（10回）	感覚生理工学	飯田健夫著	158	2400円
17.（8回）	運動のバイオメカニクス —運動メカニズムのハードウェアとソフトウェア—	牧川方昭・吉田正樹共著	206	2700円
18.（16回）	身体運動とロボティクス	川村貞夫編著	144	2200円

定価は本体価格+税です。
定価は変更されることがありますのでご了承下さい。

図書目録進呈◆

メカトロニクス教科書シリーズ

（各巻A5判，欠番は品切です）

■編集委員長　安田仁彦
■編 集 委 員　末松良一・妹尾允史・高木章二
　　　　　　　藤本英雄・武藤高義

配本順		書名	著者	頁	本 体
1.	(18回)	新版 メカトロニクスのための 電子回路基礎	西堀賢司著	220	3000円
2.	(3回)	メカトロニクスのための 制御工学	高木章二著	252	3000円
3.	(13回)	アクチュエータの駆動と制御（増補）	武藤高義著	200	2400円
4.	(2回)	センシング工学	新美智秀著	180	2200円
6.	(5回)	コンピュータ統合生産システム	藤本英雄著	228	2800円
7.	(16回)	材料デバイス工学	妹尾允史・伊藤智徳共著	196	2800円
8.	(6回)	ロボット工学	遠山茂樹著	168	2400円
9.	(17回)	画像処理工学（改訂版）	末松良一・山田宏尚共著	238	3000円
10.	(9回)	超精密加工学	丸井悦男著	230	3000円
11.	(8回)	計測と信号処理	鳥居孝夫著	186	2300円
13.	(14回)	光工学	羽根一博著	218	2900円
14.	(10回)	動的システム論	鈴木正之他著	208	2700円
15.	(15回)	メカトロニクスのための トライボロジー入門	田中勝之・川久保洋一共著	240	3000円

定価は本体価格+税です。
定価は変更されることがありますのでご了承下さい。

図書目録進呈◆